Tomaten, Paprika, Auberginen & Co.

blvgartenplus

BRUNHILDE BROSS-BURKHARDT

Tomaten, Paprika, Auberginen & Co.

Die besten Sorten
Pflanzen, Pflegen, Genießen

blv

Inhalt

Fruchtgemüse machen Karriere

Die Fruchtgemüse haben von ihren begrenzten Ursprungsgebieten aus die Welt erobert. In Europa starteten sie ihre Karriere zunächst als Zierpflanzen in botanischen Gärten. Zum Gemüse avancierten sie erst vor etwa hundert Jahren. Mit der Entdeckung des hohen gesundheitlichen Wertes steht jetzt ein neuer Karrieresprung an.

Der weite Weg von Tomate, Paprika, Aubergine & Co.

Die beispiellose Karriere der **Tomate** begann in den südamerikanischen Anden. Bis in die höchsten Bergregionen gedeihen dort die wilden Verwandten der Tomate. Die Pflanzengattung war und ist in der Ursprungsregion sehr formenreich – mit johannisbeer- bis kirschgroßen, roten, orangefarbenen und grünen Früchten.
Aus den Anden gelangten die Wildformen in die Gegend des heutigen Mexiko. Bei Ankunft der spanischen Eroberer kultivierten die Indios dort die kleinen Kirschtomaten und aßen sie auch. Die Indios bezeichneten die Früchte als »tomatl«, was so viel bedeutet wie »etwas prall Angeschwollenes«. Der heutige Name »Tomate« stammt also aus der Gegend, aus der die Tomatenpflanzen nach Europa gelangten. Aber es sollte noch Jahrhunderte dauern, bis die saftigen Früchte in Europa tatsächlich unter der Bezeichnung bekannt wurden.
Die Heimat der **Paprika** und **Peperoni** liegt ebenfalls in den Anden. Die Botaniker lokalisieren das Ursprungsgebiet im heutigen Bolivien. Die Einheimischen dort verwendeten Paprika schon vor 9000 Jahren als Gewürz und hatten, als die Europäer kamen, viele Formen gezüchtet. Kolumbus soll bei seiner ersten Fahrt nach Amerika 1492 in Kontakt mit den Früchten gekommen sein. Er hielt sie für Pfeffer, das so genannte schwarze Gold, also für ein äußerst kostbares Gewürz, in der damaligen Zeit so wertvoll wie Gold. Da Kolumbus glaubte, bei seiner Seefahrt den Westweg nach Indien entdeckt zu haben, bekam das Gewächs den Namen »Indianischer Pfeffer« *(= Piper indicum)*.

◀ Aus den ursprünglich sehr kleinfruchtigen Wildformen der Tomate haben sich im Laufe der Jahrhunderte unsere heutigen Kultursorten entwickelt.

Die spanischen Eroberer brachten im 16. Jahrhundert Saatgut von Tomaten, Peperoni und vielen anderen Pflanzen vom amerikanischen Kontinent mit.

Der Leibarzt von Kolumbus soll Samen und Früchte der Paprika nach Europa mitgebracht haben.

Auch **Andenbeeren** und **Tomatillos** stammen aus der Andenregion in Südamerika. Darauf deutet der Beiname »peruviana« im botanischen Namen der Andenbeere hin. Seefahrer brachten die Andenbeere nach Südafrika, und von dort aus verbreitete sich die Pflanzenart in die ganze Welt. Die Zwischenstation in Südafrika (und ihr stachelbeerartiger Geschmack) brachte der Andenbeere den weiteren gebräuchlichen Namen Kapstachelbeere ein.

Die **Aubergine** indes kommt aus dem tropischen Indien. Araber brachten sie vermutlich nach Europa. Von hier aus nahm sie dann ihren Weg nach Amerika.

Der Weg nach Europa

Die spanischen Eroberer der neu entdeckten Welt brachten 1523 erstmals Tomatensamen von gelbfrüchtigen Sorten nach Europa mit. Die Europäer hielten die Früchte jedoch für ungenießbar. Weshalb, ist heute nicht mehr genau nachvollziehbar. Möglicherweise stieß sie der intensive, aromatische Geruch ab. Vielleicht sahen sie die Ähnlichkeit mit dem bekannten giftigen Bittersüßen Nachtschatten. (Unser heutiges botanisches System, das die Tomaten den Nachtschattengewächsen zuordnet, gab es zur damaligen Zeit noch nicht.) Es kann auch sein, dass mutige Vorkoster unreife Früchte aßen und wegen des darin enthaltenen Solanins Bauchschmerzen und Schwindel bekamen. So kann man sich erklären, dass die Menschen in der frühen Neuzeit die Tomate für eine giftige Kuriosität hielten.

Von Spanien aus müssen die Kultursorten sehr schnell ins heutige Italien gelangt sein, vermutlich über das Königreich Neapel, das 1522 unter spanische Herrschaft gekommen war. Ein Glücksfall für die Tomate! Nachgewiesen ist, dass die Tomate in Italien schon 1554 als Gemüse angebaut wurde. Denn die Italiener entdeckten wie vor ihnen die Mexikaner, dass die Früchte köstlich schmecken. Die Neapolitaner gaben dem neuen Gemüse den schönen Namen »pomodoro«, was man mit »Goldapfel« übersetzen kann. Von Italien aus dann trat die Tomate ihren eigentlichen Siegeszug durch die ganze Welt an. Noch vor 1650 gelangte die Pflanze nach Südostasien.

Chili-Ernte in Indien: In Indien und in anderen Ländern Südostasiens gehören Chilis zu den Grundzutaten beim Kochen. Entsprechend groß ist der Bedarf.

Der Kupferstich aus dem berühmten Werk »Hortus Eystettensis« zeigt eine Tomate, wie sie um 1600 im Botanischen Garten in Eichstätt kultiviert worden ist.

Kurioserweise machte die Tomate auch den Umweg über Italien, bevor sie nach Nordamerika kam. Das war aber erst zur Zeit der Amerikanischen Revolution. Einer der Verfasser der Unabhängigkeitserklärung der USA, der spätere amerikanische Präsident Thomas Jefferson, war auch in Sachen Tomate ein Pionier: Als einer der Ersten in den USA kultivierte der reiche Plantagenbesitzer im Jahr 1781 Tomaten auf seinem Anwesen in Virginia.

Weitere Weltreisende

Die Paprika und Chilis, die zunächst »Indianischer Pfeffer« oder mit lateinischem Namen *Piper indicum* hießen, machten sich ebenfalls auf die Reise um die Welt. Sie gelangten zunächst nach Südostasien, wo sie sich in vielen Ländern – Indien, China, Thailand, Indonesien, Äthiopien und anderen – etablierten und seither in deren Küchen eine sehr große Rolle spielen. In Europa ist der Anbau des Indianischen Pfeffers für 1585 in Böhmen nachgewiesen. Von dort aus kam er nach Ungarn, wo er sich gut entwickeln konnte.
Paprika machte seine Karriere zunächst als Gewürz. Seit dem Jahr 1859 stellt man in Ungarn Paprikapulver her. In Spanien fasste Paprika ebenfalls Fuß.

»Liebesäpfel« und »Dolläpfel«

Anders als in Italien bereicherte die Tomate anderswo in Europa zunächst die botanischen Gärten als Zierpflanze. Sie wurde dort mit dem lateinischen Namen *Poma amoris* geführt, was übersetzt »Liebesapfel« heißt. Man deutete die wohl gerundete, saftige Frucht wohl als den Apfel aus dem Paradies. Darauf lässt auch die früher im Odenwald gebräuchliche Bezeichnung »Adamseppl« schließen. In Österreich hat sich der Name »Paradeiser« bis heute gehalten. Schon bald nach der Ankunft in Europa tauchte die Tomate in wissenschaftlichen Werken auf: 1557 bei dem niederländischen Botaniker Rembert Dodoens und 1576 im Kräuterbuch von Lobelius. Weitere Nachweise gibt es aus dem berühmten Garten von Eichstätt, den der Nürnberger Botaniker Basilius Besler um 1600 für den Fürstbischof von Eichstätt anlegen ließ. Die dort kultivierten 1100 Pflanzen wurden auf 367 Tafeln als Kupfer-

Die deutschen Gemüsegärtner bauen Tomaten fast ausschließlich im Gewächshaus an. Das Düngen, Wässern und Lüften geschieht meist vollautomatisch.

stiche verewigt, die Drucke sorgfältig handkoloriert. Das aus diesen Tafeln zusammengefasste Werk, der »Hortus Eystettensis« ist ein Meisterstück der Buchdruckerkunst und ein einzigartiges botanisches Zeitdokument. Zwei Formen der Tomate sind darin abgebildet – eine orangefarbene »Poma amoris fructu luteo« und eine rotfrüchtige Sorte »Poma amoris fructu rubro«. Die Früchte sind groß und stark gerippt, so wie manche der heutigen Fleischtomaten-Sorten.

Weit mehr Platz nehmen in dem Werk die **Peperoni** ein. Allein 15 verschiedene Formen mit hängenden oder aufrecht stehenden und verschiedenfarbigen Schoten sind abgebildet. Sie werden als »Piper indicum« bezeichnet. Ihr dekorativer Wert wurde also früh erkannt. Ein anderes Paprikagewächs ist unter dem Namen »Solanum pomiferum – Dollöpffel aus dem Mohrenland« abgebildet.

Auch die **Aubergine** erscheint bereits als »Melanzano fructu pallido = Gelb Malantzan/Dollöpffel«. Auf dem Kupferstich sind rundliche Früchte in dreierlei Farben abgebildet: Weiß, Gelb und Dunkelviolett.

Entdeckung als Gemüse

Noch verharrten die Fruchtgemüse lange als Zierpflanzen und Kuriosum in den botanischen Gärten Mitteleuropas. Erst im Jahr 1778 taucht die **Tomate** unter der Rubrik Gemüse im Saatgutkatalog der französischen Firma Andrieux-Vilmorin auf. Einem Bericht von 1823 zufolge gab es außer der großfrüchtigen auch kirsch- und birnenförmige Sorten mit roter und gelber Fruchtfärbung. In Italien wurde derselben Quelle nach die Tomate um diese Zeit in der Gegend von Rom und Neapel auf großen Feldern angebaut.

Mittel- und Nordeuropäer blieben noch länger misstrauisch. 1884 schrieb ein kritischer Engländer in »The Gardener's Chronicle«: »Es wird oft behauptet, dass die Menschen sich an alles gewöhnen können. Das betrifft auch die Dinge, die sie essen; und es ist nicht zu bestreiten, dass ein erworbener Geschmackssinn notwendig ist, um einige Speisen überhaupt genießbar zu machen – die Tomate ist der Beweis. Der Geschmack dieses Gemüses weicht so vollkommen von allem anderen ab, und bis vor kurzem war er dermaßen unbekannt, dass kaum Nachfrage nach Tomaten bestand. Deshalb ist es außerordentlich überraschend, mit welchem Genuss die Leute nach ein paar ersten Versuchen die saftige rote Frucht verspeisen, sey es nun roh oder gekocht.«

Damit deutet sich die Wende für die Tomate an: Aus der Zierfrucht wurde eine Delikatesse in der Küche. In Deutschland stieg die Nachfrage nach Tomatenfrüchten Ende des 19. Jahrhunderts plötzlich stark an. Um 1880 begannen Hamburger Gemüsegärtner mit dem erwerbsmäßigen Anbau der Tomaten, und auch in Lübeck weitete sich kurz darauf der Tomatenanbau aus. Um 1900 verzeichnete der Samenkatalog der Erfurter Firma Weigelt & Co. apfel- und birnenförmige weiße, zitronengelbe und rote Tomatensorten für Gärtnereien. Auch die Fellbacher Samenzüchterfirma Wilhelm Pfitzer hatte Dutzende Tomatensorten in ihrem Katalog. In den Hausgärten eroberten sich die Tomaten spätestens nach dem 1. Weltkrieg ihr Terrain.

Paprika machte seine Karriere zunächst in anderen Ländern als Gewürz. Seit dem Jahr 1859 wird in Ungarn Paprikapulver in großem Umfang produziert. Erst Anfang des 20. Jahrhunderts

Tomaten in alten Gartenbüchern

In alten Gartenbüchern steht, welche Sorten vor etwa hundert Jahren gebräuchlich waren: Karl Erwig empfahl in seinem »Illustrierten praktischen Gartenbuch« die Sorten 'Lucullus', 'Präsident Garfield', 'Erste Ernte' und 'Johannisfeuer'. Johannes Böttner, Königlicher Ökonomierat und Chefredakteur des »Praktischen Ratgebers im Obst- und Gartenbau«, rührte kräftig die Werbetrommel für die Tomate und schrieb schon um 1900 sogar ein »Tomatenbuch« mitsamt Rezepten. Als Frühsorten empfahl der Gärtner 'Frühe Geisenheimer' (= 'Johannisfeuer'), 'Earliana', 'Alice Roosevelt', als mittelfrühe, großfrüchtige Sorte nannte er 'Stirling Castel' und als späte die riesenfrüchtige 'Ponderosa'.

Böttner schwärmte auch von der Sorte 'König Humbert', deren kleine längliche Früchtchen ihm sehr gut schmeckten. In seinem »Praktischen Gartenbuch für Anfänger«, in dem er ausführlich über die Tomate schreibt, ist in der 8. Auflage von 1917 nur beiläufig in einem Satz die Rede von den Paprika.

Es gibt aber ein Kapitel über die Eierfrucht. Mit der Eierfrucht scheinen die Gärtner zur damaligen Zeit mehr Erfahrung gehabt zu haben als mit Paprika oder Peperoni. Immerhin bot die Erfurter Saatzuchtfirma Crestensen im Jahr 1900 einige Paprika-Sorten wie etwa 'Elefantenrüssel' an.

Honigartig süß schmeckt die Sorte 'Purpurkalebasse'.

Die Sorte 'Weiß behaarte' erweist sich als sehr robust.

entstand durch Mutation ein Paprika, dem das scharfe Capsaicin weitgehend fehlte: Der heute weit verbreitete milde Gemüsepaprika *(Capsicum annuum* var. *grossum)* war geboren!

Erst geschmäht, dann hochbegehrt

Zunächst einmal eroberte sich die Tomate den mitteleuropäischen Markt und wurde zu einer wichtigen Gartenkultur. Die saftigen Früchte sind zum Lieblingsgemüse der Deutschen geworden. Jeder Bundesbürger isst im Jahr durchschnittlich 7,4 kg frische Tomaten. Salatgurken, Zwiebeln und Möhren liegen weit dahinter. Vom Paprika verzehrt jeder Bundesbürger im Jahr 3 kg. Mit lediglich 300 g pro Person und Jahr liegen die Auberginen in der Statistik sehr weit hinten. Zählt man die verarbeiteten Tomatenprodukte wie Tomatenmark, Tomatensaft, Ketchup und Fertigprodukte dazu, liegt der Verbrauch sogar bei knapp 19 kg Tomaten pro Jahr. Zum Vergleich: Spanier und Italiener essen mehr als doppelt so viel Tomaten wie die Deutschen. Insgesamt hat sich der Gemüsekonsum der Bundesbürger bei etwa 90 kg Gemüse pro Kopf und Jahr eingependelt.

Fruchtgemüse im Handel und Erwerbsanbau

In Supermärkten und Gemüseläden gibt es das ganze Jahr über frische Tomaten, Paprika und Auberginen zu kaufen. Insgesamt wurden im Jahr 2004 etwa 710.000 t Tomaten nach Deutschland importiert. Tomaten aus heimischem Anbau haben dagegen nur einen Marktanteil von etwa 7,3 Prozent (etwa 60.000 t) – allerdings mit steigender Tendenz. Die Früchte kommen im Sommer und Herbst (bis Oktober–November) hauptsächlich aus holländischen Gewächshäusern. Im Winter und zeitigen Frühjahr ist es in unseren Breiten zu dunkel und zu kalt; dann werden Tomaten aus Spanien, von den Kanarischen Inseln, aus Marokko und Israel importiert. Aus den Niederlanden kommen etwa 280.000 t Tomaten nach Deutschland, aus Spanien etwa 240.000 t. Freilandtomaten aus Süditalien und Griechenland werden hauptsächlich vor Ort zu Konserven verarbeitet.
Vom Gemüsepaprika werden jährlich etwa 270.000 t nach Deutschland importiert; etwa die Hälfte davon stammt aus Spani-

Die Gemüsehändler bieten das ganze Jahr über Tomaten an. Die Importquote ist bei dem Fruchtgemüse sehr hoch und liegt bei über 90 Prozent.

en. Auberginen spielen im deutschen Gemüsehandel nur eine untergeordnete Rolle. Es sind hauptsächlich in Deutschland lebende Türken, Griechen, Italiener und Spanier, die die Früchte kaufen. Jährlich werden etwa 25.000 t importiert. Der größte Teil davon kommt aus den Niederlanden. Spanien, Italien und Frankreich liefern ebenfalls Auberginen nach Deutschland. Andenbeeren kommen aus Südafrika, Kenia, Kolumbien oder Neuseeland in die Supermärkte.

In den Anbauländern werden Tomaten oft grün geerntet. Viele Sorten reifen gut nach, bis sie in den Handel kommen.

Rispentomaten liegen vorn

Handel und Verbraucher orientieren sich an den Handelsklassen, die die Tomaten nach äußeren Merkmalen einteilen, sowie an den Sortengruppen. Da gibt es Rispen- oder Traubentomaten, runde Stabtomaten, Fleischtomaten, Kirsch- (Cherry-) oder Cocktailtomaten und Eiertomaten. Die Deutschen greifen in den Supermärkten hauptsächlich zu Rispentomaten. Das sind Tomaten der verschiedensten Größen, die – wie die Gärtner sagen – »an der Traube« oder »an der Rispe« geerntet werden. Sie riechen intensiv, weil der Duft in der grünen Rispe sitzt! Erst an zweiter Stelle liegen die einzeln in Kisten verpackten roten Stabtomaten. Einen hohen Marktanteil mit etwa 12 % haben Cherrytomaten. Fleischtomaten werden dagegen immer weniger verkauft. Ihr Marktanteil liegt nur bei etwa 4,7 %. Besondere Tomaten wie 'Ochsenherz' ('Cuor di bue') oder »Wilde Tomaten« sind nur sehr selten im Handel erhältlich und werden von den Verbrauchern bisher kaum angenommen.

Risiken beim Freilandanbau

Die Tomaten, die wir in den Supermärkten und auf den Märkten sehen, stammen zum allergrößten Teil aus Gewächshäusern. Freilandware aus heimischem Anbau ist selbst im Sommer so gut wie nicht im Handel erhältlich. Im Jahr 2004 bauten deutsche Gärtner nur noch auf etwa 50 Hektar Tomaten im Freiland an. Das Anbaurisiko ist einfach zu groß. Richtig an der Sonne ausgereifte Tomaten bekommt man gelegentlich auf lokalen Märkten oder in Hofläden. Wer auf Freilandware und/oder auf besondere Sorten Wert legt, muss Tomaten folglich selbst anbauen. Paprika und Auberginen, die noch mehr Wärme als Tomaten brauchen, können die Gärtner in unseren Breiten ohnehin nur im Gewächshaus kultivieren.
Im Hausgarten ist es anders: Da kann man es mit allen Fruchtgemüsearten im Freiland versuchen.

Gemüse als Medizin

Mediziner und Ernährungswissenschaftler loben Gemüse wegen seiner inneren Werte. Tomaten, Paprika und Auberginen stecken voller Vitamine, Mineralstoffe und anderer wertvoller Inhaltsstoffe. Gemüse kann vor allerlei Krankheiten schützen. Ernährungswissenschaftler empfehlen, mindestens fünf Mal am Tag eine Portion frisches Obst oder Gemüse zu sich zu nehmen. Das entspricht einer Menge von 400–500 g.

Lycopinreiche Tomaten

Wer täglich vier mittelgroße Tomaten (ca. 300 g) isst, erhält schon den Tagesbedarf an **Vitamin C.** Ernährungswissenschaftler loben Tomaten wegen ihres hohen Gehaltes an Carotinoiden, Flavonoiden, Phenolsäuren, Terpenen und Vitaminen. Besonders hervorzuheben sind die Carotinoide **Beta-Carotin** und **Lycopin**. Sie geben Früchten und Gemüse eine orangerote oder rote Farbe. Tomatenzüchter haben daher bereits Sorten mit einem besonders hohen Gehalt an Carotin und Lycopin (zum Beispiel die Lycopin-Tomate 'Maranello' F_1) auf den Markt gebracht. Lycopin greift in zahlreiche Stoffwechselprozesse im Körper ein, regt die Tätigkeit von Magen, Leber und Bauchspeicheldrüse an. Im Zusammenwirken mit Vitamin C beugt es der Ablagerung von Cholesterin in den Arterien vor und schützt damit auch vor Herzinfarkt. Mehrere klinische Studien deuten darauf hin, dass ein hoher Lycopin-Gehalt im Blut sogar vor einigen

Die Tomate als Anti-Kater-Mittel

Einen legendären Ruf hat Tomatensaft schon lange als Anti-Kater-Mittel. Durch seinen hohen Mineralstoffgehalt gleicht er die nach Alkoholgenuss entgleiste Körperchemie in gewissem Maße wieder aus. Im Flugzeug ist Tomatensaft übrigens das am häufigsten verlangte Getränk. Instinktiv scheinen die Menschen zu wissen, dass der Saft gegen Reisekrankheit hilft und Schwindelgefühl und Übelkeit erst gar nicht aufkommen lässt. Ein weiterer bemerkenswerter Stoff steckt in der Tomate: die Aminosäure Tyramin. Sie wirkt sich positiv auf die Stimmung aus.

Tomaten haben enorme innere Qualitäten. Die moderne Züchtung beschert den Verbrauchern Sorten mit sehr hohem Gehalt an Carotinoiden wie dem Lycopin.

Paprika ist wegen seines hohen Vitamin-C-Gehaltes sehr wertvoll. Gemüsepaprika schmeckt mild. Das Alkaloid Capsaicin verleiht dem Gewürzpaprika die Schärfe.

Krebsarten an Prostata, Lunge, Bauchspeicheldrüse, Gallenblase und Mastdarm schützen könnte.
Interessanterweise wird Lycopin erst beim Erhitzen richtig freigesetzt. Wer von dem Wunderstoff profitieren will, sollte Tomaten deshalb warm oder in Form von Tomatenmark zu sich nehmen.

Vitamin-C-reicher Paprika

Mit Lycopin kann Paprika nicht aufwarten, dafür aber mit immens viel Vitamin C. Grüne, unreife Früchte enthalten 60–70 mg Vitamin C pro 100 g Frischsubstanz. Das ist um ein Vielfaches mehr als bei Tomaten oder Zitronen. In reifen, ausgefärbten Paprika steckt sogar das Doppelte davon. Auch Beta-Carotin und Flavonoide wie Rutin (Vitamin P) sind in Paprikafrüchten enthalten.
Gewürzpaprika ist zusätzlich reich an Scharfstoffen, den Capsaicinoiden. Der wichtigste Bestandteil ist das Capsaicin (30–150 mg/100 g). Scharfstoffe verursachen ein starkes Brennen im Mund- und Rachenraum. Capsaicin wirkt anregend auf die Verdauungsorgane und kurbelt den Kreislauf an. Bei empfindlichen Menschen führt ein Übermaß an dem Scharfstoff zu Magenentzündungen. Mit den scharfen Peperoni sollte man also ein wenig vorsichtig umgehen. Äußerlich angewandt, hilft Paprika in speziellen Zubereitungen bei Rheuma und Arthritis.

auf einen blick

- Die Tomate wird oft als Power-Frucht bezeichnet. Aus dem Cocktail an Nährstoffen, Vitaminen (hauptsächlich Vitamin C) und bioaktiven Substanzen sind besonders die Carotinoide Beta-Carotin und Lycopin sowie Flavonoide und Terpene wichtig.
- Paprika sind reich an Vitamin C und Vitamin E. Von den bioaktiven Substanzen sind Carotinoide und Flavonoide zu erwähnen.
- Die Aubergine gilt als energiearm. Sie enthält relativ wenig Nährstoffe, auch wenig Vitamin C und Carotinoide. Hervorzuheben ist der hohe Gehalt an Krebs hemmenden Terpenen und an Kaffeesäure (40 mg pro 100 g), einem Stoff, der antimikrobiell, antioxidativ und antikanzerogen wirkt.

Fruchtgemüse im Porträt

Tomaten, Paprika und Auberginen sind als Kulturpflanzen noch sehr jung. Dennoch hat sich bei diesen Gemüsen in sehr kurzer Zeit eine schier unglaubliche Sortenvielfalt entwickelt. Dieses riesige Angebot muss man gliedern, um die passenden Sorten für den jeweiligen Bedarf und für den Standort zu finden.

Tomaten – das beliebteste Fruchtgemüse

Bei den Tomaten wirkt die Fülle an Sorten regelrecht verwirrend. Weltweit gibt es bisher über 10.000 Züchtungen. Und da sich die Tomate sehr leicht kreuzen lässt und ein begehrtes, lohnendes Züchtungsobjekt ist, kommen laufend neue hinzu. Früher entstanden neue Sorten durch Auslesezüchtung, heute fast ausschließlich durch Hybridzüchtung mit Kreuzungen von Inzuchtlinien.
Die moderne Tomatenzüchtung orientiert sich an den Erfordernissen des Erwerbsanbaus. Der braucht einen sehr hohen und sicheren Ertrag und einheitlich gewachsene Früchte, die sich über einen langen Zeitraum ernten und lagern lassen.
Eine eigenständige Züchtung für den Hobbybereich findet dagegen kaum noch statt. Vielmehr werden Sorten aus dem Erwerbsanbau auch für den Hobbyanbau propagiert. Es sind in aller Regel so genannte **F_1-Hybriden.** Auf der Samentüte erkennt man an dem Anhängsel »F_1« hinter dem Sortennamen, dass es sich um eine Hybridsorte handelt. Das »F« steht für »Filial-Generation«, also »Tochter-Generation«. Hybridsorten haben in der Praxis viele Vorteile. Bedauerlich ist jedoch, dass nach und nach die alten, samenechten Sorten verdrängt werden. Gerade diese sind für Menschen, die die Früchte wegen ihres Wohlgeschmacks und anderer Qualitäten schätzen, nämlich besonders interessant.

Züchtung und Sortenvielfalt

Gefahren durch Gentechnik

Der Fortschritt in der Züchtung beschert Gärtnern und Verbrau-

Tomatenernte im Hausgarten. Alte Sorten und neue Züchtungen vereint im Korb – so macht der Tomatenanbau richtig Freude.

◄ Es macht Spaß, ungewöhnliche Sorten von Tomaten, Paprika und Auberginen zu kultivieren.

Tomaten werden heutzutage oft »an der Rispe« geerntet und in den Handel gebracht.

chern in der Regel immer bessere, widerstandsfähigere und ertragreichere Sorten. Viele Menschen haben heute jedoch Angst vor gentechnisch veränderten Pflanzen. Und dies zu Recht. Ein berühmtes Beispiel ist die **»Anti-Matsch-Tomate«,** die in den 1990er Jahren in den USA Furore machte und tatsächlich auf gentechnischem Weg entstanden ist. Es gelang nicht, diese Züchtung auf dem Markt zu etablieren; in den USA ist sie längst wieder vom Markt verschwunden, in Deutschland ist sie nie verkauft worden.

Als Tomatenkäufer und Tomatengärtner braucht man momentan vor gentechnisch veränderten Früchten keine Angst zu haben. Skepsis gegenüber neuartigen Züchtungsmethoden ist jedoch generell angebracht. Biologisch und biologisch-dynamisch wirtschaftende Landwirte und Gärtner beobachten die Szene sehr kritisch.

Züchtung auf Longlife-Typen

Eine große Rolle bei den heutigen Sorten für den Erwerbsanbau spielen die so genannten Longlife-Tomaten. Longlife-Tomaten haben die Eigenschaft, lange Zeit reif am Stock hängen zu können. Und sie halten sich auch geerntet noch lange. Tomatensorten mit dieser Eigenschaft waren zunächst für die Berufsgärtner sehr wichtig und halfen Kosten einzusparen, weil so weniger Erntedurchgänge nötig sind. Eine bekannte Longlife-Sorte, die auch für den Hobbyanbau angeboten wird, ist 'Vanessa' F_1.

Manche Menschen mögen Longlife-Tomaten wegen ihrer festen Haut nicht so gerne. Manchmal wird ihr Geschmack als muffig bezeichnet. Bei Tomatenverkostungen schneiden Longlife-Tomaten generell weniger gut ab.

Züchtung auf Wert gebende Inhaltsstoffe und Resistenz

Seit einiger Zeit legen Tomatenzüchter großen Wert auf die inneren Eigenschaften der Früchte. Aus der Züchterwerkstatt stammen sehr wohlschmeckende »Aromatomaten«. Das sind Sorten mit ausgeprägt hohem Lycopin-Gehalt oder orangefarbene »Carotin-Tomaten«.

Für Tomatenanbauer entscheidend ist die Widerstandsfähigkeit gegen Krankheiten. (Schädlinge spielen dagegen keine so große Rolle.) Dabei unterscheidet man zwischen »widerstandsfähig«, »tolerant« und »resistent«. **Widerstandsfähige Sorten** werden weniger stark von einer Krankheit befallen als Vergleichssorten, zum Beispiel, weil sie ein festeres und härteres Pflanzengewebe besitzen. **Tolerante Sorten** werden in der

Tomaten aus den neuen Züchtungsprogrammen wie 'Maranello' und 'Bolzano' haben viel Aroma und einen hohen Gehalt an Carotinoiden.

'Myrto' ist eine neue Sorte, die sehr widerstandsfähig gegen die Kraut- und Braunfäule ist.

Regel kaum befallen, sind aber nicht im engeren Sinne resistent. Einige Tomatensorten sind zum Beispiel hochtolerant gegen die Kraut- und Braunfäule: 'Vitella' F_1, 'Myrto' F_1, 'Philovita' F_1. **Resistente Sorten** sind immun gegen die Krankheitserreger und bleiben vollständig gesund. Viele neue Tomatensorten sind zum Beispiel resistent gegen die Samtfleckenkrankheit. Es gibt jedoch keine einzige Sorte, die vollständig immun gegen die Kraut- und Braunfäule wäre. Bei ihrer Züchtung nutzen die Saatzüchter das Potenzial der Wildtomaten aus den Anden und von den Galapagos-Inseln. So konnten durch Einkreuzen der Zuckergehalt und die Gehalte an Carotin und Vitamin C gesteigert werden. Andere Arten steuerten Eigenschaften bei, die moderne Tomatensorten unempfindlicher gegen Trockenheit, Hitze oder Kälte machten.

Alte Sorten oder: Tomaten sind nicht immer rund und rot

Neben der modernen Gemüsezüchtung im großen Stil existiert eine andere Szene, die sich um samenechte alte Sorten bemüht. Seit einigen Jahren wächst das Interesse an ungewöhnlichen Sorten, die nicht im normalen Saatguthandel zu bekommen sind. Einen besonderen Reiz für die Tomatenfans haben alte Sorten und Lokalsorten. Sorten, die Russlanddeutsche aus Sibirien mitgebracht haben, finden den Weg in Hausgärten und Kleingärten ebenso wie Sorten aus Frankreich und Italien, aus Südamerika und sogar aus Australien.
Gourmets haben die Tomatenraritäten ebenfalls entdeckt und loben deren geschmackliche Feinheiten. Süße, Säure und Aroma können ganz verschiedenartig sein. Unterschiede gibt

Feinschmecker kommen beim Probieren der Früchte von 'Andenhorn', 'Ananastomate', 'Schwarze Russische', 'Vintage Wine' oder 'Orange Ovaletto' ins Schwelgen.

es auch in der Konsistenz des Fruchtfleischs – bei manchen Sorten ist es fest und trocken, manchmal mehlig, bei anderen saftig und weich – und der Dicke der Haut. Oftmals glaubt man beim Probieren kleiner Tomatenstücke gar nicht, es mit einer Tomate zu tun zu haben. Früchte mit **unerwarteten Farben** reifen heran; nicht nur rote und gelbe, sondern auch weiße, cremefarbene, grüne, grün-gelb gestreifte, orangefarbene, purpurfarbene und sogar fast schwarze. Und Tomaten sind nicht nur rund oder länglich, sondern bieten einen fast unbeschreiblichen Formenreichtum: birnen- oder paprikaförmig, glatt und gerippt, und das von der Größe einer Johannisbeere bis zu der einer Ananas. Kein Wunder, dass sich da nicht nur Feinschmecker angesprochen fühlen, sondern auch Pflanzensammler, die eine Freude daran haben, Dutzende oder Hunderte verschiedene Sorten nebeneinander stehen zu haben.
Es steckt aber weit mehr als Freude und Sammelleidenschaft hinter solchen Bestrebungen. Vielen ernsthaften Tomatengärtnern geht es darum, die **Wildarten** sowie alte und seltene Sorten für die Zukunft zu erhalten. Es ist ein hehres Bemühen, sich für die Vielfalt in der Natur einzusetzen. Davon profitieren letztendlich auch wieder Züchter und Verbraucher im ganz praktischen Sinn, weil die wilden und die alten Sorten das Genreservoir für moderne Züchtungen bilden. Man braucht sie, um widerstandsfähige und gut schmeckende neue Kultursorten züchten zu können.

Saatgut-Initiativen und Samenarchive

Es ist nicht nur eine pflanzenbauliche, sondern auch eine kulturelle Aufgabe, die alten Sorten, seien es Wildformen oder Kulturformen, weiterhin zu pflegen und zu erhalten. Das kann nur gelingen, wenn möglichst viele Menschen sie tatsächlich anbauen und weiter vermehren. Im deutschsprachigen Raum und auch in Großbritannien, Frankreich und den USA haben sich verantwortungsbewusste Menschen in diesem

Welche Tomate schmeckt am besten? Bei Tomatenverkostungen – veranstaltet von Gemüsezüchtern oder von gartenbaulichen Versuchsanstalten – fällt den Testessern die Wahl oft schwer.

Welche Sorte soll man wählen?

- Tomaten nach den persönlichen Vorlieben auswählen, also nach Farbe, Geschmack, Verwertungsmöglichkeiten.
- Nach den möglichen Standorten rund ums Haus oder auf dem Gartengrundstück. Gibt es ein Gewächshaus oder ein Tomatenhaus (bzw. lässt sich ein solches aufstellen)? Gibt es überdachte, geschützte Plätze am Haus, oder steht nur ein Platz auf dem Gartenbeet zur Verfügung? Fürs Freiland sollte man bevorzugt robuste Sorten wählen, die wenig anfällig für die Kraut- und Braunfäule sind.
- Oder ist auf Terrasse und Balkon nur die Kultur in Pflanzgefäßen möglich? Dann eignen sich Buschtomaten oder Kirsch- und Cocktailtomaten am besten.
- Sehr wichtig ist auch die Sortenwahl nach der Reifezeit. Wer im Norden Deutschlands oder in höheren Mittelgebirgslagen lebt, muss eine Sorte wählen, die früh blüht und schnell Früchte trägt. Hervorragende früh reifende Stabtomaten-Sorten sind zum Beispiel 'Matina', 'Harzfeuer' F_1 und 'Frühzauber' sowie sehr viele Cocktailtomaten. Dagegen reifen Fleischtomaten langsam und spät. Sie bringen deshalb nur in sehr mildem Klima oder im Gewächshaus einen zufriedenstellenden Ertrag. Sie gehören in die Gruppe der »spät reifenden« Tomaten. Die anderen Sorten liegen mit »mittelfrüher« oder »mittelspäter« Reife irgendwo dazwischen.

Sinne organisiert. Sie betätigen sich in der Sortenpflege, vermehren Sorten, die ihnen gefallen oder eine besondere Eigenschaft haben oder die einfach nur da sind um ihrer selbst willen. Mit dem selbst gewonnenen Saatgut richten sie Samenbanken und -tauschbörsen ein.

Die Qual der Wahl

Bei dieser Vielzahl an Sorten ist es gar nicht einfach, eine Auswahl zu treffen. Die nachfolgenden Porträts sollen eine erste Orientierung geben. Wie viele Sorten man bewältigen kann, ist nicht genau zu sagen. Manche Gärtner sind mit zwei oder drei glücklich, andere erst mit zwanzig.

Runde Stabtomaten

Die runden Stabtomaten spielen im Gemüsehandel die größte Rolle. Auch beim Anbau im Hausgarten sind sie die wichtigste Sortengruppe, denn sie lassen sich in der Küche am vielseitigsten verwerten. Ihr mittleres Fruchtgewicht liegt je nach Sorte bei 60–100 g. Im Inneren sind die Früchte meistens in zwei bis drei Kammern aufgeteilt (in der gärtnerischen Fachsprache werden sie als »2- bis 3-kämmrig« bezeichnet). Einige Sorten weisen mehr Kammern auf (3- bis 5-kämmrig) und sind etwas größer und schwerer. Sie bilden den Übergang zu den Fleischtomaten, die noch etwas gewichtiger und mehr oder weniger stark gerippt sind. Pflanzenbauer differenzieren bei den runden Stabtomaten außerdem noch in grünfrüchtige, halbgrüne und Hellfrucht-Typen.

Beim Anbau werden die Pflanzen an Stäben oder Schnüren in die Höhe geleitet. Das geschieht meist eintriebig, bei sehr wüchsigen Sorten und bei veredelten Pflanzen auch zwei- bis dreitriebig.

Im Unterschied zu den Buschtomaten wachsen Stabtomaten nahezu unbegrenzt (indeterminiert) in die Höhe – bis die Temperatur und andere Klimafaktoren Grenzen setzen. Buschtomaten wachsen dagegen begrenzt (determiniert) in die Höhe; der Trieb schließt mit einem Blütenstand ab.

'Berner Rosen' (= 'Rose de Berne')

Schon der Name, der auf die Schweizer Herkunft hindeutet, versetzt Tomatenfans in Entzücken. Die Sorte gilt in Feinschmeckerkreisen als eine der besten, wenn nicht die beste Tomate überhaupt.
Herkunft: Samenechte Sorte, verschiedene Selektionen. Saatgut bei alternativen Anbietern erhältlich.
Anbau: Relativ robust im Freiland und Gewächshaus.
Wuchs: Kräftig, bis 2 m hoch.
Frucht: Rund, leicht abgeplattet, rosenrot (mit lilafarbenem Anklang). Fruchtgewicht bis etwa 200 g. Saftig, weich, hervorragender Geschmack.
Ernte: Mittelspät bis spät, eher gering.
Verwertung: Salate, Gemüsegerichte.

Die Sorte 'Berner Rosen' gilt bei Tomatenfans als eine der besten, vielleicht sogar die beste Sorte überhaupt.

Die neue Sorte 'Bolzano' bringt gleichmäßig geformte und intensiv orange durchgefärbte Früchte.

'Bolzano' F_1

'Bolzano' fällt durch ihre intensive Färbung auf. Sie wirkt auf einem Teller zusammen mit verschiedenen Tomatensorten sehr dekorativ. Dazu kommen innere Werte: Die Hybridsorte ist eines der ersten Beispiele für die moderne Züchtung auf wertgebende Inhaltsstoffe. Bei dieser Sorte ist der Carotingehalt sehr hoch.
Herkunft: Hybridsorte, Züchter: De Ruiter Seeds/Bruno Nebelung. Saatgut im gut sortierten Fachhandel erhältlich (Kiepenkerl-Saatgut).
Anbau: Freiland und Gewächshaus.
Frucht: Rund, orangefarben, gut durchgefärbt, mittleres Fruchtgewicht ca. 90–100 g, kann auch weniger sein (beim Testanbau im Hausgarten 60–70 g). Feste Früchte, viel Fruchtfleisch. Aromatomate, hoher Carotingehalt, süß-fruchtig.
Ernte: Früh reifend, hoher Ertrag.
Lagerung: Gesunde Früchte lassen sich gut drei Wochen lang lagern.
Verwertung: Die schnittfesten und nicht allzu großen Früchte eignen sich gut für Salate und zur Brotzeit.
Krankheiten: Resistent gegen Tomatenmosaikvirus, Samtfleckenkrankheit, *Verticillium, Fusarium, Fusarium*-Fußkrankheit.

'Culina' F_1

'Culina' F_1 ist eine bewährte Standardsorte im Erwerbstomatenbau. Sie wird im Handel häufig unter dem Namen Trauben- oder Rispentomate angeboten, wobei die Früchte noch an der Rispe hängen. Sie vereinigt mehrere gute Eigenschaften in sich, die für den Handel wichtig sind: Sie schmeckt sehr gut, ihre Früchte wachsen sehr gleichmäßig und lassen sich lange lagern. Im Hobbygartenbau bewährt sie sich ebenso.
Herkunft: Hybridsorte, vom Hellfruchttyp, Züchter: De Ruiter Seeds/Bruno Nebelung. Saatgut im gut sortierten Fachhandel erhältlich.
Anbau: Freiland und Gewächshaus, verträgt schlechte Witterung.
Wuchs: Etwa 150 cm hoch.
Frucht: Rund, rot, groß mit einem mittleren Fruchtgewicht von 110–130 g. Platzfest, wenig empfindlich gegen Mikrorisse in der Haut. Schnittfest, ausgezeichneter Geschmack.
Ernte: Mittelfrüh reifend, sehr hoher, gleichmäßiger Ertrag.
Lagerung: Reife Früchte können lange am Strauch hängen und sind auch geerntet noch lange lagerfähig (Midlife-Typ).
Verwertung: Für alle Zwecke.
Krankheiten: Resistent gegen Tomatenmosaikvirus, Samtfleckenkrankheit, *Verticillium, Fusarium, Fusarium*-Fußkrankheit, Silberblatt.

'Diplom' F_1

'Diplom' ist eine Standardsorte im Erwerbsanbau, aber ebenso gut für den Hobbyanbau geeignet.
Herkunft: Hybridsorte, vom Hellfruchttyp, Züchter: Hild. Saatgut im gut sortierten Fachhandel erhältlich.
Anbau: Freiland und Gewächshaus.
Wuchs: Kräftig; dunkles, gesundes Laub.
Frucht: Rund, rot, gut durchgefärbt; mittleres Fruchtgewicht ca. 90 g.
Ernte: Sehr früh reifend, bringt sehr hohen Ertrag, da über lange Zeit geerntet werden kann.
Lagerung: Reift grün geerntet gut nach.
Verwertung: Für Salate, als Brotbelag, für Gemüsegerichte und Pizza.
Krankheiten: Widerstandsfähig gegen die Kraut- und Braunfäule. Resistent gegen Tomatenmosaikvirus, Samtflecken, *Verticillium, Fusarium*.

Die Früchte der Sorte 'Culina' können lange am Stock hängen bleiben und lassen sich geerntet gut lagern.

'Frühzauber'

Diese ältere bewährte Sorte ist bei dem großen Angebot neuer Züchtungen etwas ins Hintertreffen geraten. Dabei verdient sie weiterhin Beachtung, vor allem wegen ihrer frühen Reife. In ungünstigen Lagen mit kurzer Vegetationszeit und in kühlen Sommern bringt eine frühe Reifezeit deutliche Vorteile. Manchmal

Früh reifende Sorten wie 'Frühzauber' eignen sich besonders für den Anbau in kühlen Klimalagen.

Die gelbfrüchtige Sorte 'Goldene Königin' ist auch im normalen Saatguthandel zu bekommen.

ist es so, dass die frühen Sorten der Kraut- und Braunfäule zuvorkommen und schon sehr viel gesunde Früchte ausgebildet haben, bevor es zur Infektion kommt.
Herkunft: Samenechte Sorte. Saatgut im gut sortierten Fachhandel erhältlich.
Anbau: Freiland und Gewächshaus, auch Topfkultur.
Frucht: Rund, rot; mittelgroß. Fast kernlos.
Ernte: Sehr früh, hoher Ertrag.
Verwertung: Salate, Gemüsegerichte, zum Konservieren.

'Goldene Königin'

'Goldene Königin' eine der ältesten deutschen Sorten, wurde lange vor dem Zweiten Weltkrieg gezüchtet. Es grenzt nahezu an ein Wunder, dass sie alle Sortimentsbereinigungen überstanden hat, auch in der ehemaligen DDR. Wegen ihrer besonderen Farbe wird sie nach wie vor in vielen Gärten kultiviert.
Herkunft: Alte, samenechte Sorte. Saatgut im gut sortierten Fachhandel erhältlich.
Anbau: Freiland und Gewächshaus.
Frucht: Gleichmäßig rund, goldgelb, mittelgroß. Dünnhäutig, Haut neigt zu Rissbildung, manchmal Fruchtfleisch leicht mehlig. Milder wenig ausgeprägter Geschmack.
Ernte: Ertragreich.
Lagerung: Nur kurz lagerfähig.
Verwertung: Für Salate, für Gemüsegerichte, zum Konservieren.

'Grünes Zebra' (= 'Green Zebra')

Diese Sorte begeistert viele wegen ihrer besonderen Farbe, ihres Geschmacks und ihrer besonderen Verwertungseigenschaften. Sie eignet sich hervorragend zum Einkochen als Marmelade oder für Chutneys. Das weiche Fruchtfleisch wird mit verwertet. Ihr fruchtig-säuerlicher Geschmack erinnert ein wenig an Pflaumen. Es gibt übrigens ähnliche Sorten mit andersfarbiger Zeichnung: **'Black Zebra'** (grün-rot-schwarz gezeichnet) und **'Red Zebra'** (orange-rot gestreift).
Herkunft: Samenechte Sorte, Selektionen mit verschieden großen Früchten. Saatgut bei alternativen Anbietern erhältlich.
Anbau: Freiland und Gewächshaus.
Wuchs: Kräftiger aufrechter Wuchs, wenig Geiztriebe, eintriebig kultivieren.
Frucht: Rund, gelb-orange mit grünen Streifen und Sprenkeln.

Fruchtgröße kann sehr unterschiedlich sein, mittleres Fruchtgewicht etwa 80 g. Weiches, saftiges Fruchtfleisch; weiche, dünne Haut. Milder, leicht fruchtig-säuerlicher Geschmack.
Ernte: Mittelfrüh reifend, geringer bis mittlerer Ertrag.
Lagerung: Für Frischverbrauch, lässt sich nicht lange lagern.
Verwertung: Frisch für Salate; für Marmelade, für Chutneys, für Saucen.

'Harzfeuer' F_1

Die Sorte 'Harzfeuer' F_1 hat vor Jahrzehnten Züchtungsgeschichte geschrieben. Sie war 1959 die erste Hybridsorte, die in der ehemaligen DDR in Quedlinburg am damaligen Institut für Züchtungsforschung entstand. Sie ist in den östlichen Bundesländern nach wie vor sehr beliebt, sowohl bei Erwerbsanbauern als auch bei Hobbygärtnern.
Herkunft: Hybridsorte. Saatgut im gut sortierten Fachhandel erhältlich.
Anbau: Hauptsächlich für Freiland.
Frucht: Rund, rot; mittleres Fruchtgewicht ca. 60–70 g. Sehr guter Geschmack.
Ernte: Sehr früh reifend, sehr hoher Ertrag, Massenträger.

Für viele Tomatenfans eine der Lieblingssorten: 'Grünes Zebra' mit saftigem, süß-säuerlichem Fruchtfleisch.

'Hellfrucht', 'Hellfrucht/Hilmar'

Die Bezeichnung »Hellfrucht« steht bei Tomaten für einen ganzen Sortentyp, bei dem im unreifen Zustand die ganze Frucht gleichmäßig hellgrün gefärbt ist. Im Gegensatz dazu unterscheiden die Züchter halbgrüne Sorten mit einer dunklen Flammung im Kelchbereich und grünfrüchtige Sorten, die unreif dunkelgrün gefärbt sind. Unabhängig davon gibt es jedoch auch eine eigenständige Sorte mit diesem Namen.
Herkunft: Ältere deutsche, samenechte Sorte. 'Hellfrucht/Hilmar' ist eine Züchtung der Firma Hild in Marbach am Neckar. Saatgut im gut sortierten Fachhandel erhältlich.
Anbau: Freiland und Gewächshaus.

'Harzfeuer' ist eine bekannte Züchtung der ehemaligen DDR und heute noch sehr begehrt.

'Maranello' hat einen hohen Lycopin-Gehalt und ist resistent gegen den Echten Mehltau.

Frucht: Rund, rot, mittelgroß. Früchte fest und platzfest auch bei wechselhafter Witterung.
Ernte: Früh reifend, sehr zuverlässig, hoher Ertrag.

Die Kartoffelblättrige Tomate 'Matina' ist bekannt wegen ihrer frühen Reife und des guten Geschmacks.

'Maranello' F_1

'Maranello' ist noch neu im Tomatensortiment. Die professionellen Tomatenanbauer stufen die Sorte wegen einiger hervorragender Eigenschaften als sehr zukunftsträchtig ein: Sie schmeckt ausgezeichnet und weist einen sehr hohen Lycopingehalt auf, was sich in einer intensiven Rotfärbung auch im Fruchtfleisch zeigt. Für den Anbau ist interessant, dass 'Maranello' resistent gegen den Echten Mehltau ist. Diese Pilzkrankheit macht im professionellen Tomatenanbau unter Glas seit einigen Jahren Probleme. In trocken-heißen Jahren kann der Echte Mehltau auch im Freiland auftreten. Die intensiven züchterischen Bemühungen mit dieser Sorte habe ihren Preis: In den teuren Samentütchen stecken nur sechs Korn.
Herkunft: Hybridsorte, runde Stabtomate aus der Gruppe der 3- bis 5-kämmrigen Tomaten, Züchter: De Ruiter Seeds/Bruno Nebelung. Im gut sortierten Fachhandel erhältlich (Kiepenkerl-Saatgut).
Anbau: Freiland und Gewächshaus.
Wuchs: Sehr wüchsig.
Frucht: Rund bis leicht abgeplattet, intensiv rot gefärbt; mittleres Fruchtgewicht 100–120 g (im Hausgarten weniger). Früchte mit sehr hohem Lycopingehalt.
Ernte: Sehr früh reifend, sehr hoher Ertrag.
Krankheiten: Resistend gegen Echten Mehltau, tolerant gegen Nematoden. Resistent gegen Tomatenmosaikvirus, Samtfleckenkrankheit, *Verticillium, Fusarium,* Fußfäule, Silberblatt.

'Matina', Kartoffelblättrige Tomate

Die Kartoffelblättrige Tomate 'Matina' begleitet die Gärtner schon seit Jahrzehnten. Sie galt und gilt als eine der wichtigsten Sorten für den ökologischen Anbau. Ihr großer Vorteil ist die sehr frühe Reife. Der Ertrag setzt ein, bevor die Kraut- und Braunfäule Schaden verursachen kann. Dieser gefürchteten Pilzkrankheit hat sie wenig entgegenzusetzen. Aber sie besticht durch ihren hervorragenden, süßen Geschmack. Ganz ähnlich, ebenfalls kartoffelblättrig und sehr früh, ist die Sorte **'Tamina'.**
Herkunft: Ältere, samenechte Sorte, Züchter: Fa. Hild, Marbach am Neckar. Saatgut im gut sortierten Fachhandel erhältlich.

Anbaueignung: Freiland (nicht fürs Gewächshaus!).
Wuchs: Kartoffelblättrige Tomate mit auffallenden, großen Blättern.
Frucht: Rund, rot ohne Grünkragen; mittelgroß, platzfest. Weiche Haut, sehr guter Geschmack.
Ernte: Sehr früh reifend, wird oft als die früheste Freilandtomate bezeichnet.

'Tigerella' (= 'Mr. Stripey')

Die zweifarbige Sorte ist in England unter dem Namen 'Mr. Stripey' schon länger bekannt und verbreitet. Sie ist das rote Pendant zur Sorte 'Grünes Zebra'. Durch die auffällige Zeichnung wirkt sie sehr attraktiv – ein absoluter Blickfang in Tomaten-Sortensammlungen. Die Zeichnung auf den Früchten wandelt sich von hellgrün und grün getigert über eine orange und dunkelgrüne Zeichnung zu einer orange und roten Ausfärbung im reifen Zustand, die aber nicht mehr so ausgeprägt ist.
Herkunft: Samenechte Sorte. Saatgut bei alternativen Anbietern und gelegentlich im Fachhandel erhältlich.
Anbau: Freiland und Gewächshaus.
Frucht: Rund, rot und orange getigert bzw. gesprenkelt; mittelgroß, Fruchtgewicht ca. 60 bis 90 g. Weiche Haut und weiches Innere. Säuerlich-aromatischer Geschmack.
Ernte: Mittelfrüh reifend, Ertrag mittel bis sehr gut.
Verwertung: Für Salate, zum Konservieren.

'Vanessa' F_1

Die Sorte 'Vanessa' F_1 hat vor Jahren im Erwerbstomatenanbau neue Maßstäbe gesetzt. Sie gehört zur Gruppe der Longlife-Tomaten, deren Früchte im reifen Zustand lange am Strauch hängen bleiben können und die auch geerntet im Supermarkt und im Haus tage- bis sogar wochenlang halten.
Herkunft: Hybridsorte, Longlife-Typ. Saatgut im gut sortierten Fachhandel erhältlich.
Anbau: Freiland und Gewächshaus.
Wuchs: Offener Aufbau.
Frucht: Rund bis flachrund, rot; mittleres Fruchtgewicht ca. 100 bis 120 g. Harte Haut, schnittfest. Guter Geschmack.
Ernte: Mittelfrüh reifend, Früchte müssen am Strauch ausreifen, hoher Ertrag.
Krankheiten: Resistent gegen Tomatenmosaikvirus, Samtflecken, *Fusarium, Verticillium*.

'Tigerella' mit ihrer interessanten Zeichnung auf der Haut darf in einer Tomaten-Sammlung nicht fehlen.

'Vitella' F_1

'Vitella' F_1 gehört zu einer Gruppe von sehr widerstandsfähigen Tomaten-Neuzüchtungen (ebenso 'Myrto' F_1 und 'Maestria' F_1). Saatgut der Sorte wurde im Jahr 2000 in den Handel gebracht. 'Vitella' ist sehr widerstandsfähig gegen die gefürchtete Kraut- und Braunfäule, aber nicht resistent im eigentlichen Sinne. Die Früchte bleiben in aller Regel gesund und reifen gut aus. Erst im Herbst bei kühlem, feuchtem

'Vitella' erweist sich als sehr widerstandsfähig gegen die Kraut- und Braunfäule.

Wetter zeigt sich manchmal ein Befall mit der Pilzkrankheit. Bei Hobbygärtnern, die nicht mit Fungiziden spritzen wollen, ist die Sorte wegen ihrer Widerstandsfähigkeit sehr beliebt. Allerdings ist das Saatgut teuer.
Herkunft: Moderne Hybridsorte, Züchter: De Ruiter Seeds/Bruno Nebelung. Saatgut im gut sortierten Fachhandel erhältlich.
Anbau: Freiland und Gewächshaus.
Wuchs: 'Vitella' wächst halbdeterminiert, d.h., sie hört nach dem 6. bis 8. Blütentraubenansatz mit dem Höhenwachstum auf und muss deshalb nicht entgipfelt werden. Wuchshöhe etwa 120 cm.
Frucht: Rund, helles Tomatenrot; mittelgroß, sehr gleichmäßig, Fruchtgewicht 90–100 g. Feste Haut, schnittfest, wenig Saft. Guter Geschmack.
Ernte: Mittelfrüh reifend, mittlerer bis guter Ertrag.
Lagerung: Hält sich lange am Strauch und kann im Haus etwa drei Wochen lang gelagert werden (und ist dann immer noch schnittfest).
Verwertung: Frisch für Salate; für Gemüsegerichte und Aufläufe, als Pizzabelag.
Krankheiten: Tolerant gegen Kraut- und Braunfäule. Resistent gegen Tomatenmosaikvirus, *Verticillium*-Welke, *Fusarium,* Nematoden *(Meloidogyne*-Arten).

Fleischtomaten und andere großfrüchtige Sorten

Fleischtomaten werden ebenfalls an »Stäben« gezogen, also in die Höhe geleitet. Ihre Früchte sind jedoch größer als die der Sortengruppe der runden Stabtomaten. Im Inneren sind sie stärker »gekammert«, bei sehr großfrüchtigen Sorten finden sich bis zu zehn Kammern. Das mittlere Fruchtgewicht der Sorten liegt bei 150–250 g, manche Sorten bringen jedoch viel gewichtigere – im Extremfall bis zu 1 kg schwere – Früchte hervor. Fleischtomaten sind ursprünglich mehr oder weniger stark gerippt; die Züchter bringen jedoch auch fast glatte Sorten auf den Markt, die bei den Verbrauchern mehr Anklang finden.

'Ananastomate' (= 'Pineapple')

Diese alte Sorte stammt aus dem amerikanischen Bundesstaat Kentucky. 'Ananastomate' ist eine Sorte, die die Feinschmecker unter den Tomatenanbauern nicht mehr missen möchten. Unter günstigen Kulturbedingungen bilden sich riesige Früchte aus. Erstaunlicherweise hält die Tomatenpflanze – am Stab angebunden – das Fruchtgewicht ganz gut. Die Riesenfrüchtigkeit geht allerdings auf Kosten der Anzahl der Einzelfrüchte. Mehr als etwa fünf Früchte pro Pflanze darf man nicht erwarten. Die Mühe des Anbaus lohnt sich wegen des hervorragenden Geschmacks trotzdem. Köstlich für Salate oder ganz einfach in

Scheiben geschnitten auf dem Butterbrot!

Herkunft: Samenechte Sorte. Saatgut bei alternativen Anbietern erhältlich.

Anbau: Freiland, auch unter weniger günstigen Bedingungen, und Gewächshaus.

Wuchs: Kräftiger Wuchs, stabiler Stängel; braucht wegen des hohen Fruchtgewichts unbedingt stabile Stütze, eintriebig ziehen.

Frucht: Sehr groß, etwas abgeplattet, leicht bis mittel gerippt; bis 1 kg schwer, mittleres Fruchtgewicht 400–500 g (manchmal bis 1 kg); gelb-orange, innen roter Kern. Gut schnittfest, wenig Saft, wenig Kerne, stark gekammert, kompakt. Süßer aromatischer Geschmack.

Ernte: Mittelfrüh reifend, insgesamt guter Ertrag.

Lagerung: Reift im Haus gut nach, wird im überreifen Zustand orangerot mit roten Flecken. Weil die Ananastomate zu Einstülpungen bzw. Vernarbungen neigt, von denen häufig Fäule ausgeht, ist sie nicht lange lagerfähig.

Verwertung: Wegen des hervorragenden Geschmacks am besten für sich alleine genießen; in Scheiben geschnitten als Brotbelag kommt der feine Geschmack besonders gut zur Geltung. Auch für Salate.

'Andenhorn' (= 'Andine cornue')

Beim Vorzeigen der paprikaförmigen Früchte erntet man ungläubiges Staunen: Kaum jemand will glauben, dass es sich um Tomaten handelt. Auch beim Aufschneiden ähneln die Früchte mit ihrem hohlen Körper und ihrem dicken Äußeren Paprikas. Wegen ihrer besonderen Form und ihrer besonderen Verwertungsmöglichkeiten lohnt sich der Anbau, auch wenn der Ertrag nicht in jedem Jahr hoch ausfällt.

Herkunft: Bauernsorte aus den Anden, samenechte Sorte. Saatgut bei alternativen Anbietern erhältlich.

Anbau: Freiland und Gewächshaus.

Wuchs: Kräftig, eintriebig ziehen.

Frucht: Paprikaförmig, spitz, intensiv rot; Fruchtgröße und damit Gewicht unterschiedlich (bis etwa 150 g). Dickwandig, hohl, innen fast trocken, wenig Samen. Guter Geschmack.

Ernte: Mittelspät, Ertrag von Jahr zu Jahr unterschiedlich.

Verwendung: Gut zum Aufschneiden für Brotbelag, zum Füllen, zum Grillen.

Krankheiten: 'Andenhorn' ist relativ widerstandsfähig gegen die Kraut- und Braunfäule.

Ein Exemplar der 'Ananastomate' bringt oft ein Pfund oder mehr auf die Waage!

Die Früchte der Bauernsorte 'Andenhorn' haben kaum Saft und passen deshalb prima als Brotbelag.

'Brandywine' ist eine alte und sehr beliebte amerikanische Sorte. Es gibt von ihr pinkfarbene und rote Varianten.

'Brandywine', 'Pink Brandywine' und 'Red Brandywine'

Die Sorte 'Brandywine' ist in Nordamerika weit verbreitet. Dort soll sie bei den Amish, einer religiösen Gruppierung europäischen Ursprungs, vermehrt worden sein. Sie kam 1889 in den Handel. Dass es diese Sorte noch gibt, ist Ben Quisenbury zu verdanken. Dieser sammelte von 1910 bis 1960 alte amerikanische Tomatensorten. Nach seinem Tod ist seine Sammlung an die amerikanische Organisation »Seed Savers Exchange« übergegangen.
'Brandywine' verdient den Anbau wegen ihres hervorragenden Geschmacks, braucht aber sehr viel Wärme und eignet sich deshalb nicht für jeden Standort in Deutschland. Eine ähnliche Sorte ist **'Vintage Wine'** mit einer interessanten Zeichnung der Haut in verschiedenen hellen Rottönen.
Herkunft: Samenechte Sorte, in Nordamerika verbreitet. Saatgut bei alternativen Anbietern und gelegentlich im üblichen Fachhandel erhältlich.
Anbau: Geschützter, überdachter Standort im Freiland oder Gewächshaus, braucht viel Wärme.
Frucht: Groß, etwas gerippt, stark gekammert, orangerot bzw. tiefrosafarben, Fruchtgewicht bis ca. 400–500 g. Sehr guter Geschmack.
Ernte: Mittelfrüh reifend, sehr hoher Ertrag.
Verwertung: Gut zum Aufschneiden als Brotbelag, für Salate, zum Kochen.

'Marmande', 'Marmande Ancienne' und 'Super Marmande'

In Frankreich sind diese unterschiedlich großen Sorten sehr bekannt und beliebt und auch im Handel erhältlich. Sie tragen den Namen der Stadt, in der Gärtner sie ursprünglich angebaut haben. Marmande liegt im Südwesten Frankreichs in der Provinz Lot et Garonne. Im Juli gibt es dort jedes Jahr ein großes Tomatenfest mit Umzug.
Herkunft: Alte französische Sorten, samenecht. Saatgut bei alternativen Anbietern erhältlich.
Anbau: Für warme, geschützte Lagen.
Wuchs: Mittelhoch.
Frucht: Plattrund, mehr oder weniger stark gerippt, rot; Fruchtgewicht bis 250 g. Festes Fruchtfleisch, sehr guter, aromatisch-fruchtiger Geschmack.
Ernte: Mittelfrüh reifend, in ihrer Heimat sehr hoher Ertrag.
Verwertung: Gute Kochtomate.

'Myrto' F_1

Die Sorte 'Myrto' F_1 bringt für den Anbau im Hausgarten einen entscheidenden Vorteil mit: Sie ist sehr widerstandsfähig gegen die Kraut- und Braunfäule.

Herkunft: Hybridsorte, Züchter: De Ruiter Seeds/Bruno Nebelung. Saatgut im gut sortierten Fachhandel erhältlich.
Anbau: Freiland und Gewächshaus.
Wuchs: 'Myrto' ist eine so genannte halbdeterminante Sorte mit begrenztem Längenwachstum. Das Wachstum stoppt, wenn sich 6 bis 8 Trauben ausgebildet haben; Wuchshöhe deshalb nur etwa 120 cm.
Frucht: Leicht plattrund, leicht gerippt, dunkelrot; mittleres Fruchtgewicht 140–150 g. Feste Haut und festes Fruchtfleisch, aromatisch.
Ernte: Mittelfrüh reifend, hoher Ertrag, da sichere Abreife.
Lagerung: Lässt sich im Haus nach der Ernte einige Wochen lang lagern.
Verwertung: Für Gemüsegerichte, Suppen, Saucen.
Krankheiten: Tolerant gegen Kraut- und Braunfäule, Nematoden. Resistent gegen Tomatenmosaikvirus, *Verticillium, Fusarium.*

'Ochsenherz' ('Cuor di bue', 'Cœur de Bœuf')

Ochsenherz-Tomaten werden in Feinschmeckerkreisen sehr gelobt. Ursprünglich stammt die Sorte wohl aus Italien; es gibt jedoch viele Herkünfte, sogar aus Sibirien. Viele Hobbygärtner vermehren die Sorte selbst. Dementsprechend variieren die Fruchteigenschaften bei Größe, Form, Ausfärbung, Saftigkeit und Aroma. In Italien sind die Früchte sehr groß; sie werden noch grün geerntet und bevorzugt verbraucht, wenn sie sich noch nicht voll rot gefärbt haben. Normale deutsche Verbraucher ließen sich von der Sorte bisher kaum begeistern. Doch dabei entgeht ihnen etwas!
Herkunft: Alte italienische Sorte (seit 1925), samenecht. Saatgut bei alternativen Anbietern, gelegentlich auch im üblichen Saatguthandel erhältlich.
Anbau: Freiland, auch für kühle Klimaregionen, und Gewächshaus.
Frucht: Unregelmäßig geformt, erinnert entfernt an die Form eines Ochsenherzens, manchmal gerippt, Farbe ins Himbeerrote tendierend, durchschnittliches Fruchtgewicht 200–300 g. (Die großen Früchte sind nicht so schwer, wie sie aussehen, da sie innen hohl sind.) Wenig Saft, leicht mehlig. Sehr guter Geschmack.
Ernte: Hoher Ertrag.
Lagerung: Reift grün geerntet gut nach, sollte aber nicht zu lange lagern; wird rot ausgefärbt etwas mehlig.
Verwertung: Sehr gut in Scheiben geschnitten für Salat, Caprese, Suppen, Saucen und Gemüsegerichte.

'Schwarze Russische' (= 'Noire de Russe')

Die dunkle Farbe ist gewöhnungsbedürftig und nicht sehr verlockend. Umso besser ist der Geschmack. Die 'Schwarze Russische' ist unkompliziert in der

Die legendäre 'Ochsenherz'-Tomate hat manchmal die Form eines Herzens.

Aus Russland kommen Sorten mit dunkelrot-schwärzlicher oder bräunlicher Haut.

Die Farbe Weiß ist im Tomatenreich auch vertreten: 'Weiße Schönheit' heißt diese französische Sorte.

Kultur. Von der Sorte gibt es verschiedene Herkünfte. Sie wird häufig von Privatleuten vermehrt; man findet sie deshalb in verschiedenen Größen, Ausfärbungen und Fruchtfleischqualitäten. Ganz ähnliche Eigenschaften, aber eine etwas bräunliche Färbung hat die **'Braunrote Russische'.**
Herkunft: Samenechte Sorte, aber unterschiedliche Herkünfte. Saatgut bei alternativen Anbietern erhältlich.
Anbau: Freiland und Gewächshaus.
Frucht: Schöne prallrunde Form, dunkelrot mit schwarzem Anklang, attraktive Zeichnung der Haut; mittleres Fruchtgewicht 110–130 g. Weiche Haut, saftiges Fruchtfleisch, vollreif leicht mehlig werdend. Aromatisch.
Lagerung: Kurz, muss reif innerhalb weniger Tage verbraucht werden.
Ernte: Mittelspät reifend, wenige große Früchte.
Verwertung: Frisch für Salate, für Saucen, für Mischgemüse, für Chutney.

'Weiße Schönheit' (= 'Beauté Blanche')

Diese alte französische Sorte löst Erstaunen aus: Das soll eine Tomate sein?, fragt man sich unwillkürlich. Sie wirkt eher wie Obst und schmeckt auch so. Auf jeden Fall erregt sie Aufsehen.
Herkunft: Alte, samenechte Sorte. Saatgut bei alternativen Anbietern erhältlich.
Anbau: Freiland und Gewächshaus.
Früchte: Bis 10 cm dicke, flachrunde Früchte, leicht gefurcht, milchweiß in Cremegelb umschlagend. Mittel-saftig, schmelzendes Fruchtfleisch, nicht schnittfest. Mild, wenig Säure.
Ernte: Mittelfrüh reifend.
Verwertung: Für Saucen, Marmelade, für die kreative Küche.

Kirsch- (Cherry-) und Cocktailtomaten

Die kleinen Cherry- und Cocktailtomaten sind bei Verbrauchern äußerst beliebt. Wegen ihres hohen Zuckergehalts schmecken sie sehr gut – und verlocken zum Naschen. Kinder und Erwachsene stecken die Früchte gerne zwischendurch in den Mund. Beim Anbau im Hausgarten sind die Pflanzen unkompliziert. Sie lassen sich im Freiland und Gewächshaus, aber ebenso in Töpfen auf Balkon und Terrasse kultivieren. Die ersten Früchte bilden sich früher als bei den üblichen Stabtomaten, und die Pflanzen halten im Herbst länger durch.
Cocktailtomaten und Cherrytomaten unterscheiden sich durch ihre Größe. Cocktailtomaten sind üblicherweise 30–40 g schwer. Die kirschgroßen Cherrytomaten wiegen dagegen je nach Sorte 10–30 g.

'Cerise'

Eine bildschöne Sorte, die dazu noch sehr robust ist und sich gut für den Freilandanbau eignet. Es gibt auch Varianten mit gelben und mit orangegelben Früchtchen.
Herkunft: Kirschtomate. Samenechte Sorte, jedoch verschiedene Herkünfte mit unterschiedlichen Eigenschaften. Saatgut bei alternativen Anbietern erhältlich.
Anbau: Fürs Freiland und für Plätze, an denen sie gut angebunden werden kann.
Wuchs: Sehr starkwüchsig, über 2 m hoch wachsend, braucht stabile Stütze! Gut entgeizen.
Frucht: Rund, glänzend kirschrot; Größe je nach Herkunft unterschiedlich, von etwa 15 bis 30 g. Mild-süßer Geschmack.
Ernte: Früh reifend, lang andauernder Ertrag.
Verwertung: Zum Naschen; Fruchttrauben zum Dekorieren.
Krankheiten: Sehr widerstandsfähig gegen die Kraut- und Braunfäule, auch in verregneten Sommern.

Die stark verzweigten Rispen der 'Cocktail-Mirabelle' mit ihren Mini-Früchtchen sehen sehr dekorativ aus.

'Cocktail-Mirabelle'

Diese Tomatensorte wirkt von weitem gar nicht wie eine Tomate, sondern mit ihren stark verzweigten Blüten- und Fruchtständen eher wie eine Blume. Die Rispen sind überreich mit Mini-Tomätchen besetzt. Einen ähnlichen Eindruck machen die **'Weiße Mirabelle'** (= 'Mirabelle blanche') mit cremegelben bis blassorangefarbenen Früchten und die gelbe **'Blondköpfchen'.**
Herkunft: Samenechte Sorte. Saatgut bei alternativen Anbietern erhältlich.
Anbau: Freiland und Gewächshaus.
Wuchs: Stark verzweigte Rispen, dekorativ, fast wie ein Blumenstrauß.
Frucht: Rund, goldgelb; Fruchtdurchmesser 2–3 cm, Früchte bleiben lange an der Rispe hängen.
Krankheiten: Widerstandsfähig gegen Kraut- und Braunfäule.

Die alte Sorte 'Gärtners Wonne' überzeugt durch ihr intensives Aroma.

Als Naschobst vor allem bei Kindern beliebt: die 'Gelbe birnenförmige' mit ihrer interessanten Form.

'Dolce Vita' F_1

Hervorstechendes Merkmal dieser Cherrytomate sind die überlangen Rispen, an denen sich die kleinen roten Tomätchen aufreihen. Mit ihrem überreichen Fruchtbehang ist sie eine dekorative Sorte für die Kultur in Töpfen. Dazu schmeckt sie ausgesprochen gut und schneidet bei Tomatenverkostungen häufig als Beste ab.
Herkunft: Cherrytomate. Hybridsorte. Züchter: De Ruiter Seeds/ Bruno Nebelung. Saatgut im gut sortierten Fachhandel erhältlich.
Anbau: Freiland und Gewächshaus, für Topfkultur.
Wuchs: Offen mit sehr langen Früchte tragenden Rispen.
Frucht: Rund, leuchtendrot, mittleres Fruchtgewicht 15–20 g. Zuckersüßer Geschmack.
Ernte: Hoher Ertrag.
Krankheiten: Widerstandsfähig gegen Nematoden. Resistent gegen Tomatenmosaik, Samtfleckenkrankheit, *Verticillium, Fusarium,* Fußfäule, Silberblatt.

'Gärtners Wonne' (= 'Benarys Gartenfreude', 'Gardener's Delight')

'Gärtners Wonne' bezeichnen viele Gärtner als eine der aromatischsten Tomaten überhaupt. Es ist eine alte Züchtung, eine Kreuzung zwischen *Lycopersicon esculentum* und *L. pimpinellifolium.*
Herkunft: Obsttomate. Samenecht, verschiedene Herkünfte. Saatgut bei alternativen Anbietern erhältlich.
Anbau: Freiland und Gewächshaus.
Frucht: Rund, rot; Früchte mit ca. 2,5 cm Durchmesser. Saftig, sehr aromatisch, süß.
Ernte: Mittelfrüh reifend, hoher Ertrag.

'Gelbe birnenförmige' (= 'Yellow pearshaped', 'Poire jaune')

Eine alte Sorte, die schon 1885 im Samenkatalog der französischen Saatgutfirma Vilmorin-Andrieux aufgeführt ist. Die gelbe, birnenförmige Frucht ist eine richtige Kindertomate. Kinder (und Erwachsene) fühlen sich durch die Form und den süßen Geschmack angesprochen und naschen gerne davon. Leider neigen die Früchtchen zum Platzen, wenn es nach Trockenperioden wieder regnet. Eine rote Variante gibt es übrigens auch: **'Rote birnenförmige'** (= 'Red pearshaped').

Herkunft: Obsttomate. Samenechte Sorte. Saatgut bei alternativen Anbietern und im üblichen Fachhandel erhältlich.
Anbau: Freiland und Gewächshaus, Topfkultur.
Frucht: Birnenförmig, gelb; Fruchtgewicht ca. 12 g, 2,5–3 cm im Durchmesser. Weiche, dünne Haut; sehr aromatisch, mild, wenig Säure.
Ernte: Mittel.
Krankheiten: Relativ widerstandsfähig gegen die Kraut- und Braunfäule.

'Goldita' F_1

Die Neuzüchtung 'Goldita' ist ein echter Gewinn für kleine Gärten. Die ersten Früchte reifen sehr früh im Juli und die Ernte dauert bis in den Oktober hinein an. Sie schmecken frisch ausgezeichnet. Ein sehr feines Aroma entfalten sie aber auch als Dreingabe zu Gemüsegerichten.
Herkunft: Kirschtomate. Hybridsorte; Züchter: De Ruiter Seeds/Bruno Nebelung. Saatgut im gut sortierten Fachhandel erhältlich (Kiepenkerl-Saatgut).
Anbau: Freiland und Gewächshaus, Topfkultur.
Wuchs: Sehr wüchsig, über 1,80 m hoch aufwachsend, kräftiger Stiel.
Frucht: Rund, gelb-orange, mittleres Fruchtgewicht 12–15 g. Süß, saftig.
Ernte: Sehr früh reifend, lange Ernteperiode, hoher Ertrag.
Lagerung: Reift gut nach, etwa eine Woche lagerfähig.
Verwertung: Zum Naschen; für Salate, Gemüsegerichte.
Krankheiten: Resistent gegen Tomatenmosaik, Samtflecken (Pathotyp 5); relativ wenig anfällig gegenüber Kraut- und Braunfäule.

'Picolino' F_1

'Picolino' gehört zum Standardsortiment für Hobbygärtner. Bei Verbrauchertests schneidet die Sorte regelmäßig sehr gut ab. Die Fruchtgröße liegt zwischen der von Cherrytomaten und Stabtomaten; wegen ihrer Festigkeit ist sie auch ideal zum Mitnehmen für unterwegs und zum Vespern.
Herkunft: Cocktailtomate. Hybridsorte; Züchter: De Ruiter Seeds/Bruno Nebelung. Saatgut im gut sortierten Fachhandel erhältlich.
Anbau: Freiland und Gewächshaus, Topfkultur.
Wuchs: Hoch aufwachsend, kräftiger Stiel.
Frucht: Rund, glänzend rot, stabil gegen Grünkragen, s. S. 78;

Als ungewöhnlich früh reifend und wüchsig erweist sich die Sorte 'Goldita'.

'Picolino' schmeckt hervorragend; die Früchte eignen sich gut zum Essen unterwegs.

mittleres Fruchtgewicht 30–40 g, lässt sich als ganze Traube ernten, sehr platzfest. Schnittfest, eher hart, sehr aromatisch.
Ernte: Früh reifend (etwas später als 'Goldita'), lange Ernteperiode, insgesamt hoher Ertrag.
Lagerung: Reift nach, gesunde Früchte etwa zwei Wochen lang lagerfähig.
Verwertung: Frisch als Naschgemüse, für Salate, für Gemüsegerichte.

Die neue Sorte 'Philovita' erweist sich als hochtolerant gegen die Kraut- und Braunfäule.

Krankheiten: Resistent gegen Tomatenmosaikvirus, Samtflecken (Pathotyp 5), *Verticillium, Fusarium, Meloidogyne*-Nematoden, *Fusarium*-Fußkrankheit.

'Philovita' F_1

Diese Neuzüchtung verspricht nahezu eine Revolution in der Tomatenzüchtung: Sie ist hochtolerant gegen die gefürchtete Kraut- und Braunfäule und eignet sich deshalb hervorragend für den Anbau im Freiland. Beobachtungen zufolge werden die Blätter bei hohem Befallsdruck zwar befallen, sind dann aber in der Lage, mit der Infektion fertig zu werden. Die Infektion geht so gut wie nie auf die Früchte über.
Herkunft: Cherrytomate. Hybridsorte; Züchter: De Ruiter Seeds/ Bruno Nebelung. Saatgut im gut sortierten Fachhandel erhältlich (Kiepenkerl-Saatgut).
Anbau: Freiland, Gewächshaus, für Topfkultur.
Wuchs: Sehr wüchsig, anfangs dünntriebig, kann mehrtriebig gezogen werden. Bei guter Nährstoffversorgung bilden sich drei Rispen pro Fruchtstand.
Frucht: Rund, intensiv fast dunkelrot gefärbte Früchte; mittleres Fruchtgewicht ca. 10–15 g, süß-aromatischer Geschmack.
Ernte: Sehr guter Fruchtansatz und lange Ernteperiode, deshalb insgesamt relativ hoher Ertrag.
Verwertung: Naschobst; für Salate, zum Konservieren.
Krankheiten: Hochtolerant gegen Kraut- und Braunfäule und Nematoden. Resistent gegen Tomatenmosaikvirus, Samtfleckenkrankheit, *Fusarium,* Fußfäule, Silberblatt.

'Schwarze Pflaume' (= 'Black Plum', 'Prune Noire')

Eine Sorte, die sich gut von anderen unterscheiden lässt.
Herkunft: Cocktailtomate. Samenfeste Sorte, verschiedene Herkünfte mit unterschiedlichen Fruchtgrößen.
Anbau: Freiland und Gewächshaus.
Frucht: Pflaumen- bis tonnenförmig, bräunlich-rot mit dunklem olivfarbenem Kragen, Fruchtgewicht unterschiedlich, je nach Herkunft 35–40 g oder auch 60 g. Sehr feste Haut, platzfest. Saftig und süßer, aromatischer Geschmack.
Ernte: Meist hoher Ertrag.
Verwertung: Frisch essen.
Krankheiten: Sehr widerstandsfähig gegen die Kraut- und Braunfäule.

'Schwarze Pflaume' lässt sich durch ihre Form und die olivfarben-schwärzliche Färbung um den Kragen gut von anderen Sorten unterscheiden.

'Sweet Million' F_1

Schon länger bekannte Sorte mit sehr süßen Früchten.
Herkunft: Cherrytomate. Hybridsorte. Saatgut im gut sortierten Fachhandel erhältlich.
Anbau: Freiland und Gewächshaus, Topfkultur.
Wuchs: Lange Fruchtrispen.
Frucht: Rund, intensiv rot; mittleres Fruchtgewicht 15–20 g; sehr süß, aromatisch.
Ernte: Unzählige kleine Früchte.
Verwertung: Naschgemüse, für Salate, zum Konservieren.
Krankheiten: Relativ widerstandsfähig gegen die Kraut- und Braunfäule, resistent gegen Tomatenmosaikvirus, *Fusarium* (Pathotyp 1).

Flaschentomaten, Eiertomaten

Unter dem Begriff Flaschentomaten oder Eiertomaten werden länglich-ovale festfleischige Tomatensorten mit wenig Saft und wenig Kernen zusammengefasst. Sie sind in den Ländern ums Mittelmeer verbreitet und beliebt und werden dort auf Feldern im Freiland angebaut. Es ist die wichtigste Tomatengruppe für die Konservenindustrie. In Mitteleuropa spielen sie eine eher geringe Rolle.

'Baumtomate', Baumtomate 'De Berao'

Der Name sorgt zunächst für Verwirrung. Es handelt sich keineswegs um ein Gehölz, sondern um eine krautige Pflanze der Art *Lycopersicon esculentum.* (Eine richtige Baumtomate mit gehölzartigem Wuchs gibt es auch, doch die gehört einer anderen Pflanzengattung an.) Die Baumtomate ist eine interessante Sorte oder Sortengruppe. In Hobbygärtnerkreisen wird sie wegen ihrer Widerstandsfähigkeit gegen die Kraut- und Braunfäule sehr geschätzt. Unter günstigen Bedingungen bringt die Sorte einen sehr hohen Ertrag; in manchen Jahren ernten private Tomatengärtner noch bis in die Adventszeit hinein gesunde Früchte. Vom Geschmack her muss man 'De Berao' eher als mittelmäßig einstufen. Diese Tatsache spielt jedoch in der Praxis keine so große Rolle, denn die Riesenernte an Früchten wird ohnehin bevorzugt zu Ketchup oder Tomatenmark verarbeitet und mit Gewürzen geschmacklich aufgewertet.
Herkunft: Verschiedene Herkünfte, wird häufig privat vermehrt. Im privaten Samentausch gibt es zum Beispiel die Sorte 'De Berao' oder die Riesen-Baumtomate, auch gelb- und braunfrüchtige Sorten (**'De Berao Gold'** und **'De Berao Black'**) mit besserem Geschmack.
Anbau: Freiland, geschützter Anbau unter Dachvorsprüngen.
Wuchs: Wächst sehr hoch, je nach Herkunft 3–6 Meter hoch, und braucht deshalb eine stabile Stützvorrichtung (Eisenstangen oder Spalier am Haus). Lässt sich mehrtriebig, zum Beispiel als Spalier, ziehen.
Frucht: Langoval, rot; Fruchtgröße unterschiedlich. Fruchtfleisch fest, leicht mehlig.

Die Baumtomate 'De Berao' kann über drei Meter in die Höhe wachsen. In milden Klimalagen bringt die spät reifende Sorte sehr hohen Ertrag.

Ernte: Spät bis sehr spät reifend, deshalb bevorzugt für warme Klimaregionen (Tal-Lagen, Weinbauklima). Trägt bei mildem Wetter bis in den Winter hinein. Bei guten Kulturbedingungen sehr ertragreich.
Verwertung: Für Gemüsegerichte, zum Konservieren.
Lagerung: Sehr gut lagerfähig, oft bis nach Weihnachten.
Krankheiten: Sehr widerstandsfähig gegen die Kraut- und Braunfäule.

'Corianne' F_1

Diese Neuzüchtung ist eine echte Entdeckung für den Hausgarten. Die flaschen-, manchmal auch eher paprikaförmigen Früchte sehen ausgesprochen dekorativ aus. Der Fruchtansatz ist geradezu überwältigend. Die Sorte wird zumindest von den äußeren Qualitäten her als eine Steigerung der legendären süditalienischen 'San Marzano' (siehe rechts) bezeichnet.

Herkunft: Flaschentomate. Hybridsorte; Züchter: De Ruiter Seeds/Bruno Nebelung. Saatgut im gut sortierten Fachhandel erhältlich.
Anbau: Freiland und Gewächshaus, Topfkultur möglich.
Wuchs: Sehr kräftig.
Frucht: Flaschen- bis paprikaförmig, 12–15 cm (sogar bis 25 cm) lang, intensiv rot, fest; mittleres Fruchtgewicht 90–110 g. Sehr aromatisch.
Ernte: Früh, sehr hoch, lange Ernteperiode.
Lagerung: Reift bei früher Ernte im Haus gut nach; gesunde Früchte lassen sich bis drei Wochen lang lagern, werden dann im Inneren etwas hart und strunkig.
Verwertung: Frisch für Salate; für Gemüsegerichte, zum Konservieren, auch zum Grillen.

'Corianne' gefällt mit ihren schön geformten Früchten und dem guten Ertrag.

Krankheiten: Widerstandsfähig gegen Nematoden, resistent gegen Tomatenmosaikvirus, *Verticillium*- und *Fusarium*-Welke.

'Roma'

'Roma'-Tomaten sind längliche, fleischige Tomaten mit nur zwei bis drei länglich verlaufenden Fruchtkammern mit relativ wenigen Samen. Es handelt es sich um eine sehr alte Sorte aus Mexiko oder Zentralamerika. 1789 wurde diese Tomate das erste Mal in Rom vorgestellt, daher der Name.
Herkunft: Samenechte Sorte, viele Herkünfte. Saatgut bei alternativen Anbietern erhältlich.
Anbau: Freiland und Gewächshaus.
Wuchs: Niedriger Wuchs.
Frucht: Länglich, rot; viel Fruchtfleisch, wenig Saft und wenig Kerne.
Verwertung: Für Suppen, Saucen, Ketchup, Tomatenmark, weniger für Frischverbrauch.

'San Marzano'

In Feinschmeckerkreisen wird diese Tomate geradezu als Gipfel des echten, wahren Geschmacks bezeichnet und sehr teuer gehandelt, sogar noch als Konserve. Der Name »San Marzano« bezieht sich auf einen kleinen Ort am Fuße des Vesuvs, wo diese Sorte traditionell kultiviert wurde. Vor etwa 15 Jahren jedoch fielen die Bestände einer Viruserkrankung zum Opfer, die Sorte drohte verloren zu gehen. Doch es gab noch Saatgut. Der italienische Zweig der Slow-Food-Organisation, die sich um die Bewahrung regionaler Lebensmittel bemüht, kümmerte sich um die Sorte und rief ein Anbauprojekt ins Leben. Mittlerweile bauen Landwirte in der Ursprungsregion wieder echte 'San Marzano'-Tomaten auf dem Feld an. Der Begriff 'San Marzano' bezeichnet nicht nur eine Sorte, sondern steht als Oberbegriff für eine Gruppe von Tomaten vom San-Marzano-Typ wie 'Corianne' F_1.
Herkunft: Samenechte Sorte, verschiedene Herkünfte. Saatgut bei alternativen Anbietern erhältlich.
Anbau: Freiland und Gewächshaus.
Frucht: Länglich, rot, je nach Herkunft verschieden groß. Festes Fruchtfleisch, wenig Saft. Sehr aromatisch.
Ernte: Hoher Ertrag.
Verwertung: Für Suppen, Saucen, Ketchup, Tomatenmark.

Die länglichen 'Roma'-Tomaten haben eine typische Spitze. Sie wachsen niedrig.

Busch- bzw. Balkontomaten, Ampeltomaten

Buschtomaten wachsen im Unterschied zu den Stabtomaten nur bis zu einer bestimmten Höhe; die Triebe schließen mit einem Blütenstand ab. Die Pflanzen müssen nicht entgeizt und nicht gestützt werden. Trotz ihrer Kleinwüchsigkeit bringen Buschtomaten oft einen erstaunlich guten Ertrag kleinerer bis normalgroßer Früchte. Diese Eigenschaften kommen den Ansprüchen der Balkongärtner entgegen.
Bekannte Sorten sind:
- **'Balkonstar':** gedrungener Wuchs, 30–60 cm hoch; früh reifend.
- **'Hoffmanns Rentita':** Pflanze etwa 80 cm hoch (muss leicht gestützt werden); Früchte rund, rot, 50–70 g.

Die niedrigen Buschtomaten eignen sich zum Anbau in Balkonkästen.

Die Ampeltomate 'Tumbling Tom Yellow' wächst flachbuschig und hängt über.

- **'Minibel':** Kleine Früchte mit 2,5–3 cm Durchmesser.
- **'Rotkäppchen':** Kartoffelblättrige Sorte; Früchte mittelgroß, flachrund, rot, ca. 4 cm Durchmesser, platzfest; spät reifend, sehr guter Ertrag.
- **'Tumbling Tom Red'** und **'Tumbling Tom Yellow':** Ampeltomaten mit flachbuschigem, überhängendem Wuchs, ca. 30 cm hoch; Früchte mirabellengroß, saftig und süß-fruchtiger Geschmack.

Wildtomaten

Die johannisbeer- oder kirschgroßen Früchtchen der Wildtomaten begeistern die Botaniker. Die Wildarten repräsentieren die Vielgestaltigkeit der Tomatengattung. Sie müssen in ihrem natürlichen Verbreitungsgebiet erhalten bleiben – wegen ihres Werts an sich und ihres großen Nutzens für die Züchtung. Ambitionierte Hobbygärtner sorgen für ihre Vermehrung und Verbreitung in unseren Breiten. Tomatenfans bereitet es besondere Freude, diese Wildformen, die oft gar nicht exakt bestimmt werden können, in ihren Gärten zu kultivieren. Es zeigt sich dabei immer wieder, dass sie erstaunlich widerstandsfähig gegen die Kraut- und Braunfäule sind. Diese Eigenschaft, weitere Resistenzen gegen Schädlinge und Krankheiten und besondere geschmackliche Eigenschaften machen sie sehr wertvoll für die Züchtung.
Die Tomatenzüchter nutzen gezielt die Resistenzeigenschaften und besondere geschmackliche Eigenschaften der Wildarten.
Die Wildtomaten aus der **Pimpinellifolium**-Gruppe, der **Cerasiforme**-Gruppe und aus der **Humboldtii**-Gruppe bringen zum Beispiel Krautfäule und *Fusarium*-Resistenzen ein. Wildtomaten aus der **Cheesmanii**-Gruppe (von den Galapagos-Inseln) steuern dagegen einen hohen Carotin-Gehalt der Früchte bei.

Nur so groß wie Johannisbeeren sind die Früchtchen mancher Wildtomaten.

Zur Namensgebung bei Tomaten

Botaniker und Gärtner haben der Tomate seit ihrer Entdeckung immer wieder andere Namen gegeben. Der derzeit gültige botanische Name lautet *Lycopersicon esculentum* Mill.

»Lycopersicon« (= »Wolfspfirsich«) ist der Gattungsbegriff, zusammen mit dem Beinamen *»esculentum«* ergibt sich die Artbezeichnung. »Mill.« steht für den Botaniker Miller, der die Art als Erster beschrieben hat.

Botaniker unterteilen die Art weiter in Varietäten. Die wichtigsten:

- *Lycopersicon esculentum* Mill. var. *cerasiforme* Dun.
- *Lycopersicon esculentum* Mill. var. *pimpinellifolium* (Jusl.) Mill.
- *Lycopersicon esculentum* Mill. var. *pyriforme* (Dun.) Alef.

Die Wildtomaten *Lycopersicon cheesmanii* Ridl. (Heimat: Galapagos-Inseln), *Lycopersicon peruvianum* u. a. werden als eigenständige Arten geführt.

Johannisbeertomate *(= Lycopersicon esculentum* var. *pimpinellifolium)*

Diese Wildtomate überrascht mit ihren winzig kleinen Früchtchen, die allerdings nur zum Naschen oder Dekorieren taugen. Durch ihren wilden Wuchs unterscheiden sich die Johannisbeertomaten von den normalen Tomaten. Sie sind ausgesprochen wertvoll wegen ihrer hohen Toleranz gegen die Kraut- und Braunfäule. Unbedingt ausprobieren! Bei Tomatenfans stehen Sorten wie **'Golden Currant', 'Red Currant'** oder **'Rote Murmel'** hoch im Kurs.

Herkunft: Von Naturstandorten in Ecuador, Peru, auf den Galapagos-Inseln, teils in Europa weiter vermehrt. Saatgut von alternativen Anbietern erhältlich.

Anbau: Freiland.

Wuchs: Wüchsig, kann mehrtriebig gezogen werden, muss nicht entgeizt werden. Kann auch am Boden als Flächendecker ohne Stütze wachsen, ist dann aber sehr wild.

Frucht: Rund, verschiedene Farben: gelb, goldgelb, orange, rot; Früchte mit etwa 1 cm Durchmesser. Aromatisch im Geschmack.

Ernte: Früh reifend, wegen der Mini-Früchtchen kleiner Ertrag.

Verwertung: Frisch zum Naschen.

Krankheiten: Sehr tolerant gegen die Kraut- und Braunfäule.

Eine echte Wildart ist die Galapagostomate *Lycopersicon cheesmanii*.

Weitere empfehlenswerte und interessante Tomatensorten (alte Sorten und Hybriden)

Gruppe	Fruchteigenschaften	Reifezeit, Ertrag, Widerstandsfähigkeit
• Stabtomaten		
'Bonner Beste'	alte, bewährte Sorte; rund, rot, mittelgroß, sehr aromatisch	früh reifend, sehr hoher Ertrag
'Carotina'	rund, intensiv orange gefärbt, saftig, mild	mittelfrüh, mittlerer Ertrag
'Estrella' F_1	rund, tiefrot, platzfest	ertragreich, widerstandsfähig gegen Kraut- und Braunfäule
'Evergreen'	rund, von Hellgrün nach Gelbgrün reifend, mittelgroß, fruchtiger Geschmack	mittelfrüh, mittlerer Ertrag
'Homosa'	alte Sorte, rot; mittelgroß bis groß, Geschmack sehr gut	lange tragend
'Locarno' F_1	rund, gelb, Fruchtgewicht 90–100 g, wenig Säure, magenschonend	ertragreich
'Moneymaker'	alte Standardsorte; rot, mittelgroß	auch im Erwerbsanbau, sehr hoher Ertrag
'Pfirsichtomate' (= 'Peche')	alte französische Sorte mit roter, gelber und cremeweißer Variante; rund, weich mit matter, pfirsichartiger Haut	
'Phytoresista No. 1' (Sorte nur beim Samen-Archiv Bohl)	leicht eiförmig, rot, Fruchtgewicht 60–80 g, guter Geschmack	spät reifend, lange tragend, sehr widerstandsfähig gegen Kraut- und Braunfäule
'Quedlinburger Frühe'	alte Lokalsorte; rund, rot, normalgroß, mittel	sehr früh
'Resista'	sehr kräftiger Wuchs, Früchte rund, rot, klein (30–50 g), saftig, mild	spät reifend, sehr widerstandsfähig gegen Kraut- und Braunfäule
'Sportivo' F_1	rund, rot, Fruchtgewicht 85–95 g, aromatisch	zuverlässige, hohe Erträge
'Yellow Stuffer'	Sorte aus den USA, paprikaförmig, gelb, hohlkammerig (gut zum Füllen), leicht mehlig	spät reifend
• Fleischtomaten		
'Master' F_1	rund, nicht gerippt, rot, bis 250 g	fürs Gewächshaus
'Purpurkalebasse' (= 'Purple Calabash')	wächst ziemlich wild, gut ausgeizen, sehr unregelmäßig geformte, stark gerippte Früchte; reif schokoladenbraun, Fruchtgewicht bis ca. 100 g, honigartig süßer Geschmack	eher spät reifend, Ertrag unterschiedlich
'Rindfleischtomate' (= 'Beefsteak-Tomate')	rot, sehr groß, bis 1 kg, festes Fleisch, gut zum Grillen	

Weitere empfehlenswerte und interessante Tomatensorten (alte Sorten und Hybriden)

Gruppe	Fruchteigenschaften	Reifezeit, Ertrag, Widerstandsfähigkeit
'St. Pierre'	alte französische Sorte, seit 1880 im Handel; flachrund, rot, sehr groß	mittelfrüh reifend
'St. Vinzenz'	gelb bis gelborange, groß, süß-saurer, feiner Geschmack	
• Cocktail- und Cherrytomaten		
'Clementine'	Form, Farbe und Größe einer Clementine, fruchtig-säuerlicher Geschmack mit leichtem Zitrusaroma	
'Ei von Phuket'	Rarität; eiförmig, Farbwechsel grün-weiß-rosa-himbeerrot, sehr festes Fleisch, etwas mehlig	spät reifend
'Favorita' F_1	rund, rot, platzfest, 15–20 g, sehr süß	sehr früh
'Goldino' F_1'	gelb, Fruchtgewicht 30–40 g, frisch, aromatisch	früh reifend
'Grüne Traubentomate' (= 'Green en grappes')	rund, grün, beim Reifen färbt sich Fruchtschale gelblich; Früchte 3–5 cm lang, sehen aus wie Weinbeeren, sehr guter Geschmack	wächst niedrig
'Maiglöckchen' (= 'Brin de muguet')	rund mit Spitze, wie Maiglöckchen an einem Stiel hängend	früh, ertragreich, robust
'Orange Bourgoin'	orange, pflaumengroß, Fruchtgewicht ca. 50 g, saftig, mild-fruchtig	mittelfrüh
'Orangina' F_1	rund, leuchtend orange, Fruchtgewicht 30–40 g, sehr guter Geschmack	
'Serafino' F_1	pflaumenförmig, rot, Fruchtgewicht ca. 40 g	mittelfrüh, sehr wüchsig, trägt lange
'Supersweet' F_1	rund, rot, Fruchtgewicht 8–10 g, bildet sehr lange Trauben, süß-aromatischer Geschmack	mittelfrüh, ertragreich, trägt lange
'Swift' F_1	rund, rot, Fruchtgewicht 30–60 g, sehr lange Trauben, süß-aromatischer Geschmack	auch im Erwerbsanbau
'Weiß behaarte'	alte deutsche Sorte; rund, cremegelb mit deutlicher weißer Behaarung, sehr weich (gut zum Kochen)	ausdauernd
'Weiße Mirabelle' (= 'Mirabelle blanche')	hell, cremegelb bis blassorange, in großen Trauben, fein-säuerlich	viele kleine Früchtchen
• Buschtomaten		
'Green Sausage'	walzenförmig, grün (auch grünfleischig), fest, platzfest, mild, wenig Säure	sehr dekorativ

Bei der Vielzahl der Sorten fällt die Auswahl schwer. Paprika und Peperoni brauchen viel Wärme und werden deshalb hauptsächlich im Gewächshaus kultiviert.

Paprika und Peperoni – von mild bis höllisch scharf

Paprika gehören wie Tomaten zur Familie der Nachtschattengewächse *(Solanaceae)*. Etwa 30 Arten sind bekannt. Sie stammen alle aus der Andenregion in Südamerika. Die Wildform von *Capsicum annuum* wächst meist einjährig und wird 50–180 cm hoch. Ausdauernde Arten sind *Capsicum frutescens* und der Baumchili *Capsicum pubescens.*

Etwas Botanik

Die Blüte der Paprikapflanzen ist weißlich oder ins Violette gehend. Sie ist zwittrig und befruchtet sich in der Regel selbst. Fremdbefruchtung kommt jedoch häufig vor, wenn andere Sorten in der Nachbarschaft stehen. Aus dem Fruchtknoten entwickelt sich eine aufrechte oder hängende Frucht. Botanisch betrachtet ist es eine blasige Beere, deren Form kugelig-rund, walzenförmig-stumpf bis länglich-spitz zulaufend sein kann. Im Inneren sitzt zentral die aufgewölbte Placenta, auf der sich die Samenanlagen befinden; von hier gehen die Scheidewände aus, die sich im Fruchtinneren hinziehen und auf denen ebenfalls Samen sitzen. Die Früchte der Wildform von *Capsicum annuum* sind unreif dunkelpurpur, beim Reifen schlägt die Farbe in ein leuchtendes Rot um. Sie haben einen Durchmesser von 1–1,5 cm.

Von Gewürzpaprika und Gemüsepaprika

Üblich ist eine Einteilung der Paprikagewächse nach ihrer Verwendung: Man unterscheidet Gemüsepaprika, Gewürzpaprika und Paprika zur Farbstoffgewinnung.
Bis vor etwa hundert Jahren kannten die Gärtner nur den scharfen Gewürzpaprika. Er verdankt seine Schärfe dem Alkaloid Capsaicin, das hauptsächlich in der Plazenta der Frucht sowie in den Samenkör-

Ein Beispiel für den Formenreichtum in der Natur zeigt dieser Chili.

nern und in den Scheidewänden angereichert ist. Die Zunge nimmt es noch in extrem starker Verdünnung wahr. Außerdem ist Gewürzpaprika reich an Vitamin C, Provitamin A und dem Kreislauf anregenden Flavonoid Rutin (Vitamin P).

Eine interessante Variante sind Sorten zur Gewinnung von Paprikapulver. Je nach Verarbeitung, je nachdem, wie viele von den scharfen Samen und Scheidewänden mit vermahlen werden, kann dieses Paprikapulver mild oder sehr scharf sein.

»Delikatess-Paprika« ist sehr mild und enthält nur das getrocknete, pulverisierte Fruchtfleisch ohne Samen und Scheidewände.

»Edelsüß-Paprika« ist etwas schärfer, da Samen mit vermahlen werden. Die nächste Stufe ist **»Rosenpaprika«**, und das allerschärfste ist **»Königspaprika«**.

Erst Anfang des 20. Jahrhunderts entstand durch Mutation ein Paprika, dem das scharfe Capsaicin weitgehend fehlte: der heute weit verbreitete Gemüsepaprika *(Capsicum annuum* var. *grossum)* war geboren! Dieser »süße Paprika« wurde in Deutschland erst etwa 1970 weithin bekannt. Er enthält im Unterschied zum Gewürzpaprika kein Capsaicin und schmeckt deshalb mild und durch den Zuckergehalt sogar süßlich. Wegen seines sehr hohen Vitamin-C-Gehalts (in unreifen Früchten 60–70 mg Vitamin C pro 100 g Frischsubstanz, in reifen Früchten 120–140 mg Vitamin C pro 100 g Frischsubstanz) ist Gemüsepaprika sehr wertvoll.

Paprika gewinnt zunehmend als Farbstofflieferant zum Färben von Lebensmitteln an Bedeutung. Die Konzentration des roten Farbstoffs Capsanthin, eines Carotinoids, ist sehr hoch (10 mg pro 100 g Frischsubstanz).

Paprikasorten sammeln und bewahren

Bei den Paprika gibt es nicht ganz so viele Sorten wie bei den Tomaten, zumindest nicht in Europa, es sind aber immer noch überraschend viele. Die Züchtung von Gemüsepaprika hat erst relativ spät eingesetzt. In einem Gartenbuch des Erfurter Saatgutzüchters Crestensen von 1900 wird die Paprikasorte ‘Elefantenrüssel’ erwähnt. Einige interessante ältere Sorten stammen aus Spanien, Frankreich, Italien und Ungarn. Sie tragen schöne Namen wie ‘Corno di toro giallo’ (= ‘Gelbes Stierhorn’), ‘Doux long des Landes', ‘Lombardo’ oder ‘Roter Ungarischer’. Die heute noch gängige alte Sorte ‘California Wonder’ von 1928 stammt aus den USA.

Anders ist es beim Gewürzpaprika. Er hat seit seiner Ankunft in Europa die Botaniker beeindruckt. Schon vor etwa zweihundert Jahren bemühten sich Gärtner in Ungarn, Bulgarien, Italien, Frankreich und Spanien um die Züchtung. Ältere Sorten stammen hauptsächlich aus diesen Ländern oder von außerhalb Europas aus Südostasien bzw. Süd- und Mittelamerika. Eine richtige Fan-Gemeinde wie die Tomate und der Kürbis hat der Paprika noch nicht. Das Paprika- und Peperoni-Sorten-Sammeln ist eher noch etwas für Spezialisten, die Pflanzen aus anderen Weltgegenden sammeln und vermehren. Dort schlummern noch viele Wildarten und Lokalsorten, die auf Entdeckung warten.

'Goldflame' färbt sich beim Reifen goldgelb. Die Sorte gehört zur Gruppe der »blockigen« Sorten, die von der Seite betrachtet eine viereckige Form haben.

Gemüsepaprika – blockige Sorten *(Capsicum annuum* var. *grossum)*

Deutsche Gärtner wagten sich erst spät an den Anbau des wärmebedürftigen Nachtschattengewächses. Doch inzwischen tut sich etwas im Sortiment. Jahrzehntelang standen die blockigen, eckig wirkenden Sorten im Vordergrund, oft im Mix der Farben Rot, Gelb und Grün angeboten. Das Farbspektrum bei dieser Sortengruppe ist jedoch noch weitaus größer: Es gibt Sorten, bei denen die unreifen Früchte orangefarben, hellgrün, hellgelb, hellrot, violett, ja sogar weiß gefärbt sind. Das Eigenartige an den Paprikafrüchten ist, dass ihre Farbe beim Reifen umschlägt. Gelbe, grüne und violette Sorten färben sich in der Regel rot. Es gibt jedoch auch solche, die von grün nach gelb abreifen.
Alle blockigen Sorten haben relativ einheitliche Größe. Sie sind innen hohl und durch unvollständige Scheidewände gekammert.
Die Sorten im üblichen Saatguthandel sind zum größten Teil Hybridsorten; ältere, samenechte Sorten gibt es im normalen Saatguthandel nur wenige. Wer sich dafür interessiert, muss bei den alternativen Saatgutanbietern suchen.

'California Wonder'

Diese alte amerikanische Sorte ist immer noch sehr verbreitet.
Herkunft: Samenechte Sorte von 1928.
Anbau: Freiland und Gewächshaus.
Frucht: Blockig, dickwandig, von grün nach rot abreifend. Aromatisch, gut zum Füllen.
Ernte: Mittelfrüh reifend, hoher Ertrag.

'Goldflame' F_1

Diese Sorte gilt als robust. Sie kommt mit wenig Wärme aus und eignet sich deshalb auch für die Kultur im Freiland.
Herkunft: Moderne Hybridsorte. Saatgut im gut sortierten Fachhandel erhältlich.
Anbau: Freiland und Gewächshaus.

Frucht: Blockig, von grün nach goldgelb abreifend, dickwandig. Saftig, mild.
Ernte: Früh reifend, hoher Ertrag.
Krankheiten: Resistent gegen Tabakmosaikvirus.

'Mavras' F_1

'Mavras' ist schon länger auf dem Markt. Die Sorte fällt insbesondere durch ihre ungewöhnliche Farbe auf. Im unreifen Zustand ist sie dunkelviolett, fast schwarz. Beim Kochen schlägt die violett-schwarze Farbe in Dunkelgrün um.

Bei der bekannten Sorte 'Mavras' schlägt die Farbe beim Reifen von Violett-schwarz nach Dunkelrot um.

Herkunft: Hybridsorte, Saatgut im gut sortierten Fachhandel erhältlich.
Anbau: Freiland und Gewächshaus.
Wuchs: Mittelkräftig wachsend.
Früchte: Blockig, dickwandig, glänzend violett-schwarz, nach dunkelrot abreifend. Milder Geschmack.
Ernte: Sehr früh reifend, sehr ertragreich.
Krankheiten: Resistent gegen Tabakmosaikvirus.

'Neusiedler Ideal'

Eine Standardsorte aus Österreich. Wurde 1951 zugelassen und in die Sortenliste aufgenommen.
Herkunft: Samenechte Sorte. Saatgut im gut sortierten Fachhandel und bei alternativen Anbietern erhältlich (Hild).
Anbau: Gut für Freiland und Gewächshaus geeignet.
Wuchs: Höhe ca. 50 cm.
Frucht: Groß, viereckig, von gelbgrün nach rot abreifend. Milder Geschmack.
Ernte: Sehr früh reifend, sehr hoher Ertrag, Ernte von Juli bis November.
Verwertung: Frisch für Salate, zum Dekorieren; zum Füllen und Grillen, zum Einfrieren.

'Neusiedler Ideal' ist eine ältere österreichische Sorte, die 1951 zugelassen wurde.

Gemüsepaprika – längliche Sorten *(Capsicum annuum* var. *longum)*

Heute gibt es eine große Auswahl an mehr länglichen oder tomatenartigen Paprika-Sorten, die wirklich gut schmecken.
Es bereitet richtig Freude, die Früchte in ungewöhnlichen Formen und Farben heranwachsen zu sehen. Paprika dieser Gruppe sind eher mild. Manche Sorten ähneln äußerlich den Peperoni, schmecken jedoch süß. Die meisten Neuzüchtungen eignen sich gut für den Anbau im Hausgarten oder in Töpfen. Sie bringen neue Formen und ein noch intensiveres Aroma. Bei der Auswahl der Sorte empfiehlt es sich darauf zu achten, ob sie im Gewächshaus oder Freiland kultiviert werden kann.
In dieser Paprika-Gruppe gibt es ältere, samenechte Sorten.

Längliche Paprikasorten 'Kekova' (schlank, rot), 'Atris' (bullig, grün und rot), 'Pinokkio' (gelb)

Die feuerrote Farbe täuscht: die langen Schoten von 'Kekova' schmecken eher mild.

'Atris' F_1

Diese ungewöhnlich wüchsige Sorte mit sehr großen Früchten bauen auch Erwerbsgärtner gerne an.
Herkunft: Hybridsorte (Bullhorn-Typ). Saatgut im gut sortierten Fachhandel erhältlich.
Anbau: Gewächshaus.
Wuchs: Sehr kräftig wachsend – im Vergleich mit anderen Sorten am höchsten, ca. 1,2 m.
Frucht: Sehr groß (an der Schulter 5–6 cm Durchmesser, 19–22 cm lang), länglich, leicht gebogen, spitz auslaufend; glatt, von dunkelgrün nach rot abreifend. Mild-aromatischer Geschmack.
Ernte: Früher Fruchtansatz und sehr früh reifend; lang andauernder und hoher Ertrag.
Verwertung: Frisch zur Brotzeit; für Mischgemüse, zum Füllen.

'Kekova' F_1

Diese Neuzüchtung entspricht dem Typ eines türkischen Paprika mit langen, schlanken Früchten. Sie gedeiht auch in eher kühlen Klimalagen.
Herkunft: Hybridsorte. Saatgut im gut sortierten Fachhandel erhältlich (Kiepenkerl-Saatgut).
Anbau: Freiland, Gewächshaus, Topfkultur.
Frucht: Lang, schlank, dünnwandig, von hellgrün nach feuerrot abreifend. Aromatischer Geschmack, Fruchtfleisch mild, Samenkörner jedoch scharf wie Peperoni.
Ernte: Mittelfrüh, hoher Ertrag.
Verwertung: Frisch zum Vespern; für Salate, zum Einlegen in Öl oder für Mixed Pickles.
Krankheiten: Resistent gegen Tabakmosaikvirus und Paprikamosaikvirus 1 und 2.

'Lombardo'

Eine süße Paprikasorte mit einem Äußeren wie Peperoni.
Herkunft: Samenechte Sorte aus Italien. Saatgut im gut sortierten Fachhandel und bei alternativen Anbietern erhältlich.
Anbau: Gewächshaus und sehr gut fürs Freiland geeignet.
Wuchs: Eher niedrig (40–50 cm hoch), auffallend hellgrünes Laub, Blätter klein und schmal.
Früchte: Lang, an der Basis ca. 2 cm breit, 12–15 cm lang; schrumpelig, von gelbgrün nach rot abreifend. Aromatisch-milder Geschmack.
Ernte: Früh reifend.
Verwertung: Frisch zum Vespern; zum Einlegen in Öl oder für Mixed Pickles.

'Pinokkio' F_1

Die Sorte 'Pinokkio' wird seit einigen Jahren für den Hobbyanbau angeboten. Mit ihr kam frischer Wind in das Sortiment. Die Pflanzen sind schön anzuschauen. Mit Fruchtschmuck sehen sie richtig dekorativ aus. Die Kultur in Töpfen gelingt problemlos.
Herkunft: Moderne Hybridsorte; Saatgut im gut sortierten Fachhandel erhältlich (Kiepenkerl-Saatgut).
Anbau: Freiland und Gewächshaus, Balkongemüse.
Frucht: Länglich, dickwandig; von hellgelb nach orangerot abreifend. Süßlicher, mild-aromatischer Geschmack.
Ertrag: Früh reifend, hoher Ertrag.
Verwertung: Frisch für Salate, zum Dekorieren, zum Einlegen für italienische Vorspeisen, für Mischgemüse.
Krankheiten: Resistent gegen Tabakmosaikvirus und Paprikamosaikvirus 1 und 2.

'Pusztagold'

Diese ältere, bekannte Sorte wird schon seit Jahrzehnten angebaut. Die hellgelben Schoten eignen sich hervorragend zum Füllen mit Reis und Hackfleisch.
Herkunft: Ungarische, samenechte Sorte. Saatgut im gut sortierten Fachhandel erhältlich.
Anbau: Gewächshaus, in warmen Klimaregionen auch im Freiland.
Frucht: Groß, abgestumpft, dickwandig; von gelb nach orangerot abreifend. Milder Geschmack.
Ernte: Mittelfrüh reifend, hoher Ertrag.
Verwertung: Gut zum Füllen, für Mischgemüse, zum Einfrieren.

'Türkenkugel' (= 'Boule de Turquie')

Die Sorte 'Türkenkugel' gehört zur Gruppe der Kirschpaprika *(Capsicum annuum* var. *cerasiforme)*. Der Anbau dieser hübschen Sorte gelingt leicht auch unter nicht so günstigen Klimabedingungen. Die kleinen kirschartigen Früchte sind dickwandig und eignen sich nicht so gut zum Trocknen; deshalb besser frisch verbrauchen.
Herkunft: Samenechte Sorte aus der Türkei. Saatgut bei alternativen Anbietern erhältlich.
Anbau: Gewächshaus und geschützte Plätze im Freiland.
Früchte: Rund, dickwandig, rot, kirschgroß. Scharf!
Ernte: Spät reifend, die Früchte bleiben lange hängen.
Verwertung: Frisch zum Würzen.

Die Sorte 'Pinokkio' kommt den Ansprüchen der Balkongärtner entgegen: Sie gedeiht gut in Töpfen.

Hübsche runde Früchte trägt die Paprikasorte 'Türkenkugel'. Ein Anbauversuch lohnt sich!

Der Peperoni-Klassiker, der Cayennepfeffer, gedeiht erstaunlich gut in mitteleuropäischen Gärten.

Gewürzpaprika: Chili, Cayennepfeffer oder Peperoni *(C. frutescens)*

Chilipflanzen wachsen in den Tropen als bis zu 2 m hohe Büsche. Die Früchte stehen aufrecht und haben kurze Blattstiele.

Schärfe bringen die dekorativen Peperonischoten 'Fireflame' und 'Sunflame'.

Beim Gewürzpaprika gibt es eine erstaunliche Vielfalt an Formen und Farben, die es zu entdecken lohnt! Die Früchte haben ein Farbspektrum, das von grün über gelb, orange, rot, tief rot und dunkelviolett bis fast schwarz reicht. Farbunterschiede gibt es auch bei den Blättern; bei manchen Sorten sind Stängel und Blätter schwarzgrün. Scharf sind die Chilis alle, doch es gibt Unterschiede in der Intensität der Schärfe – von mild-scharf über feurig bis höllisch-scharf. Gewürzpaprika gedeihen erstaunlich gut im Freiland oder in Töpfen auf Terrasse oder Balkon.

‚De Cayenne' (= 'Cayennepfeffer', 'Piment de Cayenne')

Der Cayennepfeffer ist hierzulande der bekannteste aus der Gruppe der Gewürzpaprika. Für den Namen gibt es mehrere Deutungen. Er könnte mit der gleichnamigen Hauptstadt von Französisch-Guayana zu tun haben. Er könnte aber auch von dem Wort »Kyinha« herrühren, das in einer amerikanischen Sprache »Frucht« bedeutet. Der Cayennepfeffer gedeiht ziemlich sicher in mitteleuropäischem Klima im Freiland und bringt erstaunlich guten Ertrag, wenn man die Pflanzen ausreichend mit Wasser versorgt. Wenige Pflanzen genügen, um den Haushalt mit scharfen Chilischoten zu versorgen.
Herkunft: Samenechte Sorte. Verschiedene Herkünfte mit etwas unterschiedlichen Wuchs- und Fruchteigenschaften. Saatgut bei alternativen Anbietern und im gut sortierten Fachhandel erhältlich.
Anbau: Freiland und Gewächshaus, Topfkultur.
Wuchs: Kräftig wachsend.
Früchte: Schlank, ca. 12 cm lang, von dunkelgrün nach rot abreifend. Sehr scharf!
Verwertung: Trocknen, Einlegen in Öl.

'Fireflame' F_1 und 'Sunflame' F_1

Herkunft: Hybridsorten. Saatgut im gut sortierten Fachhandel erhältlich.
Anbau: Freiland, Gewächshaus, Topfkultur.
Früchte: Schlank, 10–13 cm lang, gleichmäßig groß. 'Fireflame' von grün nach rot, 'Sunflame' von grün nach gelb abreifend. Sehr scharf!
Ernte: Früh, hoher Ertrag.
Verwertung: Trocknen, Einlegen in Öl.

Viele Peperoni-Sorten wie diese mit aufrecht stehenden Schoten sehen sehr dekorativ aus. Hübsch sind auch die Blüten.

Andere Arten

Peruanischer Pfeffer *(Capsicum baccatum)*

Der Peruanische Pfeffer ist im südlichen Gebiet der Anden als Kulturpflanze verbreitet. Er wächst eher im Tiefland bis in eine Höhe von etwa 1100 m. Die Früchte sind meist orange oder rot, manchmal auch gelb oder braun.

Seit kurzem bieten einige deutsche Gärtnereien die Sorte **'Glockenchili'** an, mit hängenden, sehr apart geformten glockenartigen Früchten, die von orange nach rot abreifen. Die Pflanzen werden etwa 1 m hoch und verzweigen sich stark. Die Sorte lässt sich im Freiland und Gewächshaus kultivieren und eignet sich sehr gut für die Kultur in Töpfen. **'Criolla Sella'** trägt schlanke, 5–8 cm lange, orangefarbene Früchte, die eher mild schmecken.

Chinesischer Paprika *(Capsicum chinense)*

Die Heimat dieser Art ist nicht China, wie der Name vermuten lässt, sondern Südamerika. Extreme Schärfe ist das Merkmal der Früchte dieser Art, viel zu scharf für den europäischen Geschmack. Von dem Pulver reichen winzige Mengen. In Portugal kennt man das extrem scharfe Würzpulver Piri-Piri, das aus dieser *Capsicum*-Art hergestellt wird.

Die Pflanzen brauchen sehr viel Wärme. Sie stehen deshalb am besten im Zimmer oder im Wintergarten. Bei der Sorte **'Habanero'** sind die reifen Schoten klein und orange. **'Scotch Bonnett'** trägt trapezförmige Früchte an niedrigen, kompakt wachsenden Pflanzen.

Zierpaprika *(C. annuum)*

Diese Mini-Paprikapflanzen werden nur 15–30 cm hoch. Die Gärtnereien bieten sie im Herbst für die Bepflanzung von Kästen und Kübeln an. Es sind aparte Gestalten mit reichem Fruchtschmuck. Die Fruchtform kann ganz unterschiedlich sein: länglich-spitz, kurz und gedrungen oder eiförmig. Schön anzuschauen sind sie alle. Dazu sind die Minifrüchte von etwa 4 cm Länge essbar, meist aber sehr scharf.

Sorten im Handel sind:

- **'Calypso'** mit spitzkegeligen Früchten in den Farben Rot, Orangerot und Gelb
- **'Festival'** mit runden Früchten, die von violett über gelb nach hellrot abreifen
- **'Medusa'** mit schmalen, spitzen, ca. 5–6 cm langen Früchten, die von hellgelb nach rot abreifen und vergleichsweise sehr mild schmecken.

Weitere empfehlenswerte und interessante Paprika- und Peperoni-Sorten

Sorte	Anbau/Ernte	Frucht
• Gemüsepaprika		
'Boldog'	früh reifend	blockig, hoher Trockensubstanzgehalt für Rosenpaprika, eher mild
'Doux long des Landes'	Gewächshaus, früh reifend	lang, schlank, von grün nach rot abreifend, sehr süß
'Feher'	Freiland und Gewächshaus, früh reifend	keilförmig, grüngelb, nicht so dickwandig
'Frühzauber'	gut im Freiland, früh reifend	spitz zulaufend, aufrecht, rot
'Jumbo'	Gewächshaus	blockförmig, von dunkelgrün nach rot abreifend
'Liebesapfel' (Tomatenpaprika)	Freiland und Gewächshaus, mittel bis spät reifend	rund, rot, dickfleischig, süß und saftig
'Merit'	Freiland und Gewächshaus, früh reifend	blockförmig, dickwandig, von grün nach rot abreifend, milder Geschmack
'Redskin' F_1	für Topfkultur, früh reifend	blockförmig, mittelgroß, von grün nach rot reifend, mild
'Roter Augsburger'	Freiland, früh reifend, sicherer Ertrag auch bei kühlen Witterungsbedingungen	spitzkegelig, rot, dünnwandig, süß, mit scharfem Nachgeschmack
'Runder Ungarischer'	Gewächshaus oder an geschützten Plätzen im Freiland	flachrund, gerippt, fleischig, von grün nach rot abreifend
'Toscana' F_1 (Typ »Dulce Italiano«)	Freiland und Gewächshaus, sehr früh reifend, ertragreich	länglich, leicht gedreht, von grün nach rot abreifend, süß schmeckend
'Yolo Wonder'	Gewächshaus	blockförmig, von dunkelgrün nach rot abreifend
• Gewürzpaprika		
'Anaheim' (alte Sorte aus den USA, seit 1903 bekannt)	für Freilandkultur, gut auch als Kübelpflanze, kräftige Pflanzen	15 cm lang, 5 cm dick, von grün nach rot abreifend, zum Füllen geeignet, geringe Schärfe
'Apache' F_1	für Topfkultur	hängend, länglich, rot, scharf
'Cheyenne' F_1	für Topfkultur	hängend, kurzkegelig, orange, scharf
'Hidalgo'	sehr reich tragend	fingerlang, abgestumpft, rot, fleischig, mittelscharf
'Jalapeño' (aus Mexiko)	an warmen Plätzen im Freiland, auch Topfkultur im Zimmer	stumpfspitzig, 5–7 cm lang, von dunkelgrün nach rot abreifend, scharf
'Pretty in Purple'	für Topfkultur, attraktiv durch grünviolette Blattfärbung	hängend, von dunkelviolett über orangegelb nach rot reifend

Auberginen – dunkel glänzende Tropenfrucht

Auberginen gefallen mit ihren glänzenden dunkelvioletten Früchten, den weichen Blättern und den hübschen lilafarbenen Blüten.

Auberginen *(Solanum melongena, S. ovigerum)* haben ihren Ursprung im tropischen Indien. Die ursprüngliche Aubergine war eine stachelige Pflanze mit bitteren Früchten. Doch schon vor 2500 Jahren bauten die Chinesen Überlieferungen zufolge bitterfreie Auberginen an. Wahrscheinlich brachten Araber die Auberginen nach Europa. Vermutlich waren es Exemplare mit eierförmigen Früchten – deshalb trägt die Aubergine vielfach noch den Namen »Eierfrucht«. Von Europa gelangte die Pflanze nach Amerika. Auberginen haben sich in Mitteleuropa bis heute nicht so recht etablieren können, obwohl sie als Gemüse schon mindestens genauso lang wie Tomaten und viel länger als Paprika bekannt sind. Das liegt natürlich auch daran, dass das Klima in Deutschland dem Tropengewächs nicht behagt; es lässt sich normalerweise nur im Gewächshaus kultivieren. Bei guten Standortbedingungen und mit angepassten Sorten, die früh reifen, kann man sich jedoch auch hierzulande an die Kultur wagen.

Neue Tendenzen im Anbau

Aber es tut sich etwas in der Auberginenzüchtung und im Saatguthandel: Engagierte Saatgutzüchter bringen Neuzüchtungen (F_1-Hybriden) fürs Freiland und für die Topfkultur auf den Markt. Züchtungsziele sind unter anderem früher und hoher Ertrag, kompakter Wuchs und geringe Bestachelung der Kelche (die Bestachelung ist ein arteigenes Merkmal). Dazu hält Veredelung auf robuster Tomaten-Unterlage Einzug in den professionellen Auberginenanbau. Auf der anderen Seite sammeln die Saatgutinitiativen alte Sorten und Herkünfte und machen sie für interessierte Gärtner zugänglich. Die Art *Solanum melongena* birgt eine erstaunliche Formen- und Farbenvielfalt. Die Früchte können so groß wie Perlen sein, rund-oval wie Eier, keulen- oder schwertförmig und 50 cm lang. Sie können wenige Gramm wiegen, aber auch bis zu einem Kilo schwer werden. Und das Spektrum der Fruchtfarben reicht von Weiß über Hellgrün, Rosa und Violett bis hin zu Weiß mit violetter Zeichnung. In Asien und Afrika kennt man auch rote und orangefarbene, innen hohle Auberginen; es handelt sich dabei jedoch um andere Arten: *Solanum integrifolium* und *Solanum aethiopicum*.

Auberginen-Sorten für Freiland, Gewächshaus und die Kultur in Töpfen

Auberginenpflanzen muss man jedes Jahr neu aus Samen anziehen. In tropischen Regionen wachsen Auberginen auch mehrjährig oder verholzen sogar. Die Pflanzen werden je nach Sorte 50–100 cm hoch. Im Freiland bleiben sie niedriger als im Gewächshaus. Sie tragen recht hübsche violette oder weiße Blüten.

'Madonna' ist eine robuste Auberginen-Sorte, die früh keulenförmige Früchte ausbildet.

'Bambino'

'Bambino' ist eine der neuen Auberginen-Sorten im Miniformat, die sich bestens für die Kultur in Töpfen eignet. Vergleichbar ist die Sorte **'Baby Bell'** F_1 mit ebenfalls kleinen Früchten.
Herkunft: Samenechte Sorte; Saatgut im gut sortierten Fachhandel erhältlich.
Anbau: Für Topfkultur (Balkongemüse).
Wuchs: Kompakt, niedrig, Wuchshöhe bis ca. 40 cm.
Frucht: Eiförmig, etwa von der Größe eines Golfballs, tiefviolett.
Ernte: Früh reifend.

'Black Beauty'

'Black Beauty' ist eine Sorte aus den USA. Die Züchtung kam 1902 unter dem Namen ‚Imperial Black Beauty' auf den Markt; sie entstand aus einer Kreuzung zwischen den Sorten 'Large Early Purple' und 'Black Pekin'. Wegen ihrer frühen Reife eignet sie sich auch für den Anbau im Garten.
Herkunft: Samenechte Sorte.
Anbau: Frühbeet, Folientunnel, Kleingewächshaus, Freiland.
Wuchs: Etwa 45 cm hoch.
Frucht: Länglich eiförmig, dunkelviolett, ca. 25 cm lang, 6–8 cm dick; 400–1200 g schwere Früchte.
Ernte: Früh reifend. Die Sorte gilt als sehr ertragreich. Sie trägt normalerweise vier bis sechs Früchte, manchmal sind es auch zehn.

'Madonna' F_1

'Madonna' ist eine Standardsorte der Berufsgärtner, die auch im Öko-Anbau gerne gepflanzt wird. Sie bringt sicheren Ertrag. Die Sorte wirkt mit ihren violett-gelben Blüten dekorativ.
Herkunft: Hybridsorte.
Anbau: Gewächshaus oder geschützter Platz im Freiland, Topfkultur.
Wuchs: Höhe bis etwa 1 m.
Frucht: Halblange, etwa 200 bis 300 g schwere glänzende, gleichmäßig dunkelviolett ausgefärbte Früchte.
Ernte: Früh reifend. Fünf bis sieben Früchte bei Freilandkultur.

'Obsidian'

'Obsidian' ist eine sehr dekora-tive Sorte mit hübschen lilafarbenen Blüten, kleinen dunkelvioletten Früchten und braunviolettem Stängel.
Herkunft: Samenechte Sorte aus Nordchina. Saatgut bei alternativen Anbietern erhältlich.

Die ältere Sorte 'Violette aus Florenz' erinnert an die ursprüngliche Eierform des Fruchtgemüses.

Anbau: In warmen Lagen Anbau im Freiland möglich, sicherer ist der Anbau im Gewächshaus.
Wuchs: 80–100 cm hoch.
Frucht: Flachrund, glänzend tiefviolett.
Ernte: Eher spärlich.

'Tango' F_1

Diese Neuzüchtung kommt dem Anspruch der Verbraucher nach fettarmem Essen entgegen. Die Auberginenscheiben saugen beim Anbraten wenig Öl auf und sind so weniger kalorienreich als üblich.
Herkunft: Hybridsorte. Saatgut für Profianbau.
Anbau: Gewächshaus, im Kübel.
Wuchs: 70–80 cm hoch.
Frucht: Lang, walzenförmig, etwas 200–300 g schwer, weiß.
Ernte: 4–5 Früchte bei Kultur im Kübel.

'Violette aus Florenz'

Herkunft: Samenechte Sorte aus Italien. Saatgut bei alternativen Anbietern erhältlich.
Anbau: Gewächshaus.
Wuchs: Kräftig.
Frucht: Rund, gerippt, leuchtend violett mit hellem Ansatz.
Ernte: Acht bis zehn Früchte pro Pflanze.

Weiße Aubergine *(Solanum ovigerum)*

Herkunft: Samenechte Art aus Japan. Saatgut bei alternativen Anbietern erhältlich.
Anbau: Für Topfkultur geeignet.
Wuchs: Kompakt, niedrig.
Frucht: Eiförmig, weiß bis gelblich, in Trauben, jung ernten.
Ernte: Viele kleine Früchte.

Die weißfrüchtige Auberginensorte 'Tango' eignet sich für die Kultur in Kübeln. Das feste Fruchtfleisch saugt beim Zubereiten wenig Fett auf.

Den Andenbeeren haftet immer noch etwas Exotisches an. Sie schmecken süß und dürfen auf keinem Dessertteller fehlen.

Andenbeeren und Tomatillos – die echten Exoten

Andenbeere, Inkapflaume, Kapstachelbeere, *(Physalis peruviana)*

Die *Physalis*-Arten sind wie die anderen Gemüsearten in diesem Buch Nachtschattengewächse. Zur Verwandtschaft der Andenbeere gehört übrigens auch die bekannte Lampionblume oder Judenkirsche *(Physalis alkekengi* var. *franchetii)*, eine hübsche Zierstaude mit aufgeblasenen roten Laternchen. Deren reife Früchte, die sich unter der aufgeblasenen Hülle verstecken, sind essbar. Viel leckerer schmecken freilich die goldgelben richtigen Andenbeeren sowie die ähnlichen, etwas kleineren Ananaskirschen *(Physalis pruinosa)* mit einem deutlichen Ananasgeschmack.

Die Andenbeere ähnelt in ihrem Wuchsbild der Lampionblume, sie wächst aber viel höher und wird 100–150 cm hoch. Im Gewächshaus können gewaltige Büsche von bis zu 2,5 m Höhe heranwachsen. Die Blätter sind samtweich, die zitronengelben Blüten mit der violetten Zeichnung am Blütengrund fallen in dem üppigen Blattwerk von weitem kaum auf. Erst wenn sich im Sommer die grünen Laternchen bilden, lässt sich ahnen, wie viele Früchte da heranwachsen werden. Beim Reifen färben sich die Hüllen gelb-braun, werden pergamentartig und fallen von selbst ab. Man braucht die Früchte also nicht pflücken, sondern liest sie vom Boden auf. Durch ihre Hülle sind sie perfekt vor Verschmutzungen geschützt.

Überwinterung und Vermehrung

Die Pflanzen der Andenbeere sind nicht winterhart. Sie können aber in frostfrei gehaltenen Gewächshäusern oder im Wintergarten bei sehr hellem Stand überwintern. Dazu schneidet man sie stark zurück. Bei Gewächshauskultur können sie einige Jahre lang aushalten. Üblicherweise zieht man die Andenbeere jedes Jahr im März neu aus Samen an bzw. sie versamt sich selbst, sodass immer für Nachwuchs gesorgt ist. Übrigens kann man Andenbeeren sehr gut durch Stecklinge oder Absenker vermehren. Die beste Zeit für die Stecklingsvermehrung ist im Spätherbst. Bis zum Frühjahr entwickeln sich auf dem Fensterbrett im Haus kräftige Jungpflanzen, die nach den Eisheiligen ausgepflanzt wer-

den. Andenbeeren können auf Beeten im Garten, im Kleingewächshaus und in Töpfen und Kübeln auf Balkon und Terrasse gezogen werden.
Wie alle Fruchtgemüse braucht die Andenbeere einen warmen, sonnigen Platz im Garten sowie zur guten Entwicklung reichlich Nährstoffe und Wasser. Wenn sie sich zu stark verzweigt, kann es nötig sein, auszugeizen bzw. die Triebe zu stützen. Die Andenbeere lässt sich problemlos ziehen. Sie bringt im Herbst (September bis November) meistens reichen Ertrag an sehr wohlschmeckenden, vitaminreichen Beeren – zum Naschen für zwischendurch oder in der Küche süß zubereitet.
Meistens wird nur die Art selbst ohne genaue Sorten- oder Herkunftsbezeichnung angeboten.

Tomatillos *(Physalis ixocarpa* und *P. philadelphica)*

Tomatillos gehören zur gleichen Pflanzengattung wie die Andenbeere. Sie stammen aus Mexiko, Texas und dem Gebiet im (Süd-) Osten der USA. Die Pflanzen werden etwa 150 cm hoch und müssen aufgebunden werden. Einjährige und mehrjährige Kultur als Kübelpflanze mit Überwinterung im Haus ist möglich. Ihre Früchte stecken wie bei der Andenbeere in einer Hülle. Reife Früchte fallen zu Boden und müssen rasch aufgesammelt werden, bevor Schnecken und Ameisen über sie herfallen.
Es gibt Herkünfte mit verschieden großen und verschieden gefärbten Früchten. Am verbreitetsten ist die **Mexikanische Tomatillo** mit gelben Früchten in zunächst gelb-grüner Hülle. Fälschlicherweise wird diese Tomatillo oft als **»grüne Tomate«** bezeichnet. Ihr Geschmack ist jedoch ganz anders. Es gibt auch Tomatillos mit grünvioletten und mit violetten Früchten. Die violetten Tomatillos werden manchmal auch als **»Berg-Auberginen«** bezeichnet. Die Früchte können bei bestimmten Herkünften so groß wie ein Golfball werden. Tomatillos sind hierzulande noch so gut wie unbekannt und im normalen Saatguthandel (im »Bunte-Tüten-Sortiment«) nicht zu bekommen. Einige Saatgutinitiativen (siehe S. 92) bieten jedoch Sorten an.

Andenbeeren wachsen etwas wirr. Sie eignen sich für die Kultur im Freiland und im Gewächshaus.

Von den Tomatillos gibt es auch Sorten mit violetten Früchten. Die Früchte sprengen die papierene Hülle.

auf einen blick

- Tomaten stammen ursprünglich aus der Andenregion. Weltweit gibt es über 10 000 Sorten.
- Paprika, ebenfalls aus Südamerika stammend, bietet eine große Sortenvielfalt bei mildem Gemüse- und scharfem Gewürzpaprika.
- Auberginen kommen aus dem tropischen Indien, tragen weiße bis auberginefarbene Früchte, von perlengroß bis keulenförmig und kiloschwer.
- Die Andenbeere – ein kirschgroßes Obst aus der Andenregion.
- Tomatillos sind die »grünen Tomaten« aus Mexiko.

Anbauen – gewusst wie

Zum Aussäen eignet sich spezielle Aussaaterde. Das Etikettieren der Töpfchen nicht vergessen!

Wer einmal angefangen hat, selbst Gemüse im Garten anzubauen, wird nicht mehr davon loskommen. Es sei denn, die Schnecken oder die Kraut- und Braunfäule vermiesen einem die Freude daran. Aber: Hobbygärtner können mit Sorten und mit Anbauweisen experimentieren und müssen nicht wie die Erwerbsgärtner Höchsterträge erzielen.

Vom Säen, Pikieren und Topfen

Viele Gartenbesitzer kaufen Jungpflanzen beim Gärtner. Das Selbersäen kann jedoch sehr reizvoll sein. Und wer spezielle Sorten von Tomaten oder Paprika ziehen möchte, kommt ohnehin nicht darum herum, die Gemüse selbst anzusäen. Saatgut von seltenen Sorten ist viel leichter zu bekommen als Jungpflanzen!

Utensilien zum Säen

Für die Gemüseanzucht zu Hause genügen einfache Utensilien: flache Aussaatgefäße mit Abzugslöchern, Plastikhauben oder Glasscheiben zum Abdecken, keimfreie Aussaaterde und Kunststoff-Etiketten zum Beschriften.

Die Aussaatgefäße werden bis ca. 1 cm unter den Rand mit Aussaatsubstrat gefüllt. Man drückt es leicht an, besonders an den Rändern. Manche Gärtner nehmen dafür auch speziell angefertigte »Stempel«. Danach wird gesät und dünn mit Erde überstreut. Dabei gilt die alte Gärtnerregel, dass nur so viel Erde über der Saat liegen soll, wie die Samen dick sind.

◀ Wer gesunde Tomaten aus dem Freiland ernten will, muss robuste Sorten wählen und das Know-how rund um den Tomatenanbau beherrschen.

Das richtige Maß an Feuchtigkeit

Zum Keimen brauchen die Samen die richtige Temperatur (siehe Tabelle S. 60) und Feuchtigkeit. Das Anfeuchten des Aussaatsubstrats gelingt am besten mit einem Blumensprüher, der fein eingestellt ist. Manchmal reicht es auch, das Wasser in den Untersetzer anzugießen. Hierfür temperiertes Wasser verwenden. Das Aussaatsubstrat darf nicht zu nass und nicht zu trocken sein. Die Aussaatgefäße unbedingt mit durchsichtigem Plastik oder Glas abdecken (am einfachsten geht's mit Plastiktüten) und so für »gespannte Luft« sorgen. Während des Keimens öfter einmal die Feuchtigkeit der Erde mit dem Zeigefinger kontrollieren. Sobald die Keimlinge erscheinen, sollte das Saatgefäß an einen etwas kühleren und sehr hellen Platz direkt am Fenster gestellt werden.

Vorsichtig pikieren

Sobald die Keimlinge genügend erstarkt sind und sich die ersten Laubblätter ausgebildet haben, wird pikiert. Dabei muss man sehr vorsichtig zu Werke gehen,

Tomatensämlinge werden pikiert, sobald die ersten Laubblätter zu sehen sind.

Die jungen Tomatenpflanzen brauchen viel Licht und müssen direkt ans Fenster gerückt werden.

um die zarten Blättchen und Würzelchen nicht zu verletzen oder abzuknicken (ein Pikierstab kann hierzu ganz nützlich sein). Bitte achten Sie darauf, dass die Sämlinge bis zu den Keimblättern in die Erde kommen. Die wüchsigen Fruchtgemüse werden in kleine Plastiktöpfchen, mit einer Mischung aus Blumenerde und Aussaatsubstrat, gesetzt. Reine Blumenerde ist als Pikiererde zu stark aufgedüngt und oft zu grob strukturiert für die kleinen Pflanztöpfchen. Der Nährstoffvorrat in der Pikiererde reicht den Jungpflanzen nicht ganz bis zum späteren Auspflanzen. Eventuell muss man mit Flüssigdünger nachdüngen, falls sich die älteren Blättchen aufhellen.

Anzucht im Haus

Tomaten anziehen

Tomaten sät man für den Anbau im Hausgarten ab Ende Februar bis ca. 20. März. Bei späteren Aussaaten entwickeln sich die Pflanzen nicht mehr so gut, zumindest bringen sie keinen vollen Ertrag mehr. Bei früheren Aussaaten vergeilen die Pflanzen leicht, wenn sie nicht genügend Licht bekommen.
Tomatensamen keimen schon nach wenigen Tagen (gute Saatgutqualitäten deutlich schneller als schlechtes oder altes Saatgut). Sobald die ersten Laubblätter zu sehen sind, werden sie pikiert. Dabei die Keimlinge sehr vorsichtig bis zu den Keimblättern in Töpfe mit Pikiererde umsetzen. Die Töpfchen brauchen jetzt nicht mehr so warm wie zum Keimen stehen, jetzt reichen 16–18 °C. Bei höherer Temperatur wachsen sie zu schnell und werden geil. Aber sie sind in dieser Phase umso mehr auf Licht angewiesen. Die vorderste Reihe auf dem Fensterbrett ist gerade recht für sie.

Wichtige Hinweise rund ums Säen

Aussaat	Aussaatzeit	Keimtemperatur	Keimdauer
Tomate	Ende Feb./März	20–24 °C	10–14 Tage
Paprika	Ende Februar/ Anfang März	18–22 °C	12–18 Tage
Aubergine	Ende Februar	20–25 °C	14–21 Tage
Andenbeere	März bis Anfang April	20–22 °C	7–10 Tage
Tomatillos	ab Ende April	20–25 °C	10–20 Tage

Wenn sie größer werden, brauchen die Jungpflanzen auch Dünger, der als Flüssigdünger dem Gießwasser beigegeben wird. Ziel ist, dass kompakte, gedrungen wachsende Pflanzen heranwachsen. Mit etwas Glück erscheinen noch während der Anzucht die ersten Blüten. Aus diesen Blüten werden sich später auch die ersten Früchte bilden.

Paprika anziehen

Paprika und Peperoni werden ab Ende Februar und im März ausgesät, am besten gleich in Töpfchen. Für den Anbau im Kleingewächshaus sät man eher etwas früher, fürs Freiland reicht ein späterer Aussaattermin. Paprikapflanzen sollte man im Haus nicht zu lange hinziehen; sie werden leicht überständig. Der beste Pflanztermin ist, wenn die ersten Blütenknospen sichtbar sind.

Jungpflanzen abhärten

Einige Zeit vor dem Auspflanzen empfiehlt es sich, die Jungpflanzen »abzuhärten«. Das heißt, man stellt sie tagsüber an einen geschützten Platz ins Freie, um sie an das Licht zu gewöhnen. Das geschieht am besten an warmen, bedeckten Tagen, an denen kein Wind weht. Abends, bei starkem Wind oder kühlen Temperaturen holt man sie wieder ins Haus. Ein günstiger Ort, um die Jungpflanzen ans Licht zu gewöhnen, ist auch das Kleingewächshaus oder das Frühbeet.

Veredelte Tomaten

Profigärtner bauen seit vielen Jahren veredelte Sorten an. Sie umgehen damit Probleme mit Fruchtfolgekrankheiten, die auftreten, wenn Tomaten viele Jahre lang am gleichen Ort stehen. Es sind hauptsächlich Wurzelnematoden *(Meloidogyne*-Arten) und Korkwurzeln. Tomatensorten und Auberginen werden dabei auf Wildtomaten-Kreuzungen veredelt, die resistent gegen die Wurzelkrankheiten sind. Bei den Veredelungsunterlagen gibt es wiederum mehrere Sorten. Die Unterlagen sind in der Regel resistent gegen Tomatenmosaikvirus, Korkwurzelkrankheit, Nematoden, *Verticillium, Fusarium, Fusarium*-Fußfäule.

Seit einigen Jahren können auch Hobbygärtner veredelte Pflanzen kaufen. Im Saatguthandel wird außerdem ein spezielles Veredelungsset mit Wildtomaten und Utensilien zum Veredeln verkauft. Die Tomaten wachsen auf diesen Unterlagen nicht nur gesünder heran, sie bringen auch einen höheren Ertrag. Die Wurzeln bilden sich bei Veredelungen deutlich besser aus.

Man kann veredelte Pflanzen ohne weiteres zwei- oder dreitriebig in die Höhe ziehen. Wenn im Kleingewächshaus schon viele Jahre lang Tomaten angebaut worden sind, empfiehlt es sich, veredelte Tomaten zu pflanzen.

Auberginen und Andenbeeren anziehen

Auberginen muss man früh, Ende Februar, spätestens Anfang März, säen, da sie eine lange Entwicklungsdauer haben. Pikiert wird, sobald das zweite Blattpaar erscheint. Die Jungpflanzen müssen sehr hell stehen; eventuell zusätzlich mit speziellen Pflanzenleuchten belichten. Andenbeeren sät man im März oder Anfang April. Die winzigen Samen keimen schnell.

Kultur im Freiland

Erfahrene Gärtnerinnen und Gärtner warten mit dem Auspflanzen der kälteempfindlichen Gemüsepflanzen ins Freiland bis nach den Eisheiligen. Am empfindlichsten von den in diesem Buch erwähnten Gemüsen ist die Aubergine.

Tomaten

Tomaten benötigen einen sehr sonnigen und warmen Platz. Der Boden, in den sie gepflanzt werden, sollte nährstoffreich und humos sein. Ein schwerer, lehmiger Boden ist eher geeignet als ein leichter, sandiger Boden. Tomaten pflanzt man einreihig oder doppelreihig, sodass sie für Pflegearbeiten gut zugänglich sind. Der Pflanzabstand in der Reihe beträgt etwa 80 cm. Lieber mit weitem Abstand pflanzen als zu eng. Die Luft muss gut durch die Bestände durchstreichen können, so dass Feuchtigkeit schnell weggenommen wird.

Tiefes Pflanzloch
Das Pflanzloch muss man sehr tief, mindestens eine Spatenlänge, ausgraben. Je tiefer, desto besser, damit die Pflanzen weit in die Erde versenkt werden können. Das ist besonders wichtig bei lang aufgeschossenen »geilen« Exemplaren. Tomatenpflanzen bilden nicht nur im Wurzelbereich, sondern auch weiter oben am Stängel Wurzeln und verankern sich so stabil im Boden. Manche Gartenbesitzer pflanzen auch normal gewachsene Jungpflanzen schräg, sodass nur noch der obere Teil der Pflanze aus dem Boden schaut. Den Wurzelballen gut mit beiden Händen festdrücken und das Pflanzloch mit lockerer Gartenerde, vermischt mit Kompost, auffüllen. Und selbstverständlich sollte man die frisch gesetzten Jungpflanzen gleich in den Wurzelbereich hinein angießen, sodass die Erde im Pflanzloch in die Hohlräume nachrutscht.

Zu lang gewachsene Tomatenpflanzen kann man schräg in die Erde legen und so den Wurzelraum vergrößern.

Das Pflanzloch tief ausheben und die Pflanzen mit gutem Wurzelballen ins Erdreich versenken.

Es reicht, wenn der obere Teil der Tomate aus dem Pflanzloch schaut. Mit guter Erde auffüllen.

Stabile Stütze
Gleichzeitig mit dem Pflanzen setzt man den Stab oder Pflock zur Halterung. Früher hat man

als Stütze für Tomatenpflanzen Bohnenstangen oder Bambusstäbe genommen. Heute sind Spiralstäbe gebräuchlich. An ihnen lassen sich die Tomaten ohne Festbinden in die Höhe leiten. Das geht viel schneller als das Festbinden mit Schnüren. Auch aus hygienischen Gründen sind die Spiralstäbe zu empfehlen: Die Erreger weit verbreiteter Tomatenkrankheiten können sich an ihnen nicht festsetzen bzw. die Stäbe sind leicht zu reinigen. Ein kleiner Nachteil der Spiralstäbe sei jedoch nicht verschwiegen. Mitunter werden sie durch das Eigengewicht wüchsiger Pflanzen zu kopflastig und kippen samt ihrer schweren Last um. Um das zu verhindern, muss man die Stäbe auf jeden Fall tief in den Boden drücken. Zum Abstützen der mächtigen Baumtomaten und sehr wüchsiger Stabtomaten reichen sie keinesfalls aus. Findige Hobbygärtner nehmen hier Wasserleitungsrohre oder sie ziehen die Tomaten an stabil verankerten Spalieren in die Höhe.

Schon beim Pflanzen der Tomaten den Stab setzen und Töpfchen als Bewässerungshilfe im Boden versenken.

Ausgeizen

Tomaten werden im Freiland auf den Gartenbeeten in aller Regel eintriebig in die Höhe gezogen. Sehr wüchsige Pflanzen und einige Sorten kann man auch mehrtriebig ziehen. Wildtomaten dürfen weitgehend ungezähmt wachsen; angebunden werden müssen sie jedoch auch. Da die Tomate von sich aus buschig wächst, muss man als Gärtner eingreifen und laufend die Achseltriebe (nicht die Spitzentriebe!) herausbrechen. In der gärtnerischen Fachsprache heißt diese Tätigkeit »ausgeizen«. Die Stabtomaten wachsen immer weiter in die Höhe und bilden neue Blätter und Blütenstände Ab etwa Ende August ist es wenig wahrscheinlich, dass sich aus den Blüten noch Früchte entwickeln; dann bricht man den Gipfeltrieb ab. Bei der Buschtomate muss man weder ausgeizen noch entgipfeln.

Auch das Ausgeizen will gelernt sein: Die Seitentriebe aus den Blattachseln am besten von Hand herausbrechen.

Warum Tomaten platzen

Tomatenfrüchte platzen manchmal, wenn sie noch am Stock hängen. Das ist an Pflanzen im Freiland oft zu beobachten, wenn es nach einer Trockenperiode sehr viel regnet. Die Tomatenpflanzen und die Früchte nehmen dann in sehr kurzer Zeit so viel Wasser auf, dass die Fruchthaut platzen muss, um den Druck entweichen zu lassen. Fürs Platzen kann es noch andere Gründe geben: hoher Temperaturunterschied zwischen Nacht und Tag etwa oder wenn Freilandsorten im Gewächshaus angebaut werden. Im Gewächshaus ist die Gefahr des Platzens normalerweise nicht so groß, weil die Pflanzen hier gleichmäßig viel Wasser bekommen.

Ein Mulchvlies verhindert, dass Wasser unnötig verdunstet. Waagerecht angebrachte Drahtnetze dienen als Stütze.

Die wärmebedürftigen Auberginen gedeihen gut auf einem Hügel.

Paprika und Peperoni

Paprikapflanzen reagieren wie Tomaten empfindlich auf Kälte. Sie überstehen zwar kurzzeitig niedrige Temperaturen bis 2 °C, zum Wachsen brauchen sie jedoch mindestens 14 °C. Zu warm darf es jedoch auch nicht werden, bei Temperaturen über 30 °C werfen Paprikapflanzen Knospen, Blüten und junge Früchte ab. Am günstigsten ist der Temperaturbereich zwischen 18 und 22 °C mit Schwankungen zwischen den Tag- und Nachttemperaturen.
Auspflanztermin im Freiland ist deshalb frühestens Mitte Mai. Die Pflanzen stehen am besten mit einem Abstand von 40 x 40 cm oder 50 x 50 cm.
Paprikapflanzen wachsen buschig. Man muss nicht ausgeizen. Es empfiehlt sich aber, die erste Blüte, die so genannte Königsblüte, auszubrechen. Dann entwickeln sich in einem zweiten Schub sehr viele Blüten und Früchte gleichzeitig. Wüchsige Sorten mit gutem Fruchtbehang brauchen eventuell niedrige Stäbe als Stütze. Die Triebe der Paprikapflanzen brechen leicht ab, deshalb muss man vorsichtig hantieren. Die ersten Früchte reifen etwa sechs bis zehn Wochen nach dem Pflanzen. Die halbreifen Früchte sollten nicht zu lange an der Pflanze hängen, sonst lassen die Blütenbildung und der weitere Fruchtansatz nach. Erst im Spätsommer und Herbst kann man die Früchte an der Pflanze hängen und ausreifen lassen.

Auberginen

Beim Pflanzen der Auberginen muss man unbedingt die Eisheiligen abwarten. Es empfiehlt sich, eher noch etwas später – bis Mitte Juni – zu pflanzen, da sie Temperaturen unter 12 °C nicht vertragen. Der Pflanzabstand beträgt 50 x 50 cm.
Die Pflanzen im Freiland werden nur 50–60 cm hoch. Man muss sie nicht unbedingt stützen. Der Ertrag lässt sich steigern, wenn man die Frucht tragenden Seitentriebe zwei Blätter über der Frucht kappt. Gleichzeitig kürzt man den Haupttrieb ein.

Andenbeeren

Andenbeeren sind nicht ganz so anspruchsvoll wie die anderen Fruchtgemüse. Sie wachsen im Sommer gut im Freiland und bilden hier große Büsche bis ca. 1,5 m Höhe aus. Wenn sie schon einmal im Garten kultiviert worden sind, kommen sie

Bei der Kultur im Gewächshaus werden Tomaten an Schnüren in die Höhe geleitet und der Stängel mit Hilfe von Kunststoffclips befestigt.

oft »von alleine« wieder, d. h., sie säen sich aus oder werden über den Kompost wieder ausgebracht.
Andenbeeren vertragen jedoch keinen Frost, deshalb dürfen die Jungpflanzen erst nach den Eisheiligen ins Freiland. Sehr kräftige Jungpflanzen bekommt man aus Stecklingsvermehrung. Der Pflanzabstand beträgt ca. 1 x 1 m. Bei üppigem Wuchs werden Andenbeeren an Stäben angebunden. 70 bis 80 Tage nach dem Pflanzen kann man mit den ersten Früchten rechnen.

Kultur im Kleingewächshaus

Tomaten

Im geschützten Kleinklima des Kleingewächshauses wachsen Tomaten zügig heran und sind weitgehend geschützt vor der gefürchteten Pilzkrankheit Kraut- und Braunfäule. Hier kann man ein paar Wochen früher pflanzen als im Freiland, etwa ab Ende April, und die Ernte zieht sich ebenfalls ein paar Wochen länger als im Freiland, bis in den Oktober, hin. Die Pflanzen gedeihen üppiger und geschützt vor Temperaturextremen und Regen. Tomaten fühlen sich bei einer Temperatur von 21–24 °C am wohlsten. Bei Temperaturen unter 15 °C bzw. über 35 °C entwickelt sich die Blüte nicht richtig.
Der Pflanzabstand beträgt ca. 50–70 cm in der Reihe (evtl. in Doppelreihe pflanzen); zwischen den Reihen sollte etwa ein Abstand von 120 cm sein.
Wie die Erwerbsgärtner kann man im Kleingewächshaus Tomaten an Schnüren hochleiten. Zum Befestigen nehmen die Profigärtner Kunststoffclips, die die Stängel der Tomaten nicht verletzen. Die Schnüre wiederum sind an quer gespannten Drähten unter der Decke des Gewächshauses festgeknotet oder mit Haken befestigt. Wenn die Tomaten weiter in die Höhe wachsen, kann man die Schnur nachgeben; der untere Teil des Tomatenstängels legt sich dann wie ein Kringel auf den Boden.

Auf die Befruchtung achten
Beim Anbau im Gewächshaus müssen Tomatengärtner an die Befruchtung denken. Im Freiland ist das kein Problem, hier sorgt der Wind dafür, dass die Pollen auf die Narbe geraten und so

Der Schutz vor Regen ist das Allerwichtigste bei der Tomatenkultur. Selbst unter einer einfachen Tomatenhaus-Konstruktion bleiben die Stöcke weitgehend verschont von der Kraut- und Braunfäule.

Tomatenhaus als Wetterschutz
Die so genannten Tomatenhäuser sind luftige Konstruktionen meist aus Holzpfosten mit Plastikverkleidung oben und an den Wetterseiten. Im Handel gibt es auch fertige Modelle zu kaufen. Unter ihrem Schutzdach bleiben die Tomatenpflanzen trocken. Der Erreger der Kraut- und Braunfäule kann sich in dem trockenen Milieu nicht ausbreiten. Die Tomaten bleiben gesund, vorausgesetzt, die Gartenbesitzer achten auch beim Gießen darauf, dass die Pflanzen nicht mit Wasser benetzt werden.

die Blüte befruchten. Im Gewächshaus ist der Luftdurchzug zu gering. Hier müssen die Gärtner durch leichtes Rütteln an den Pflanzen – am besten in der Mittagszeit – nachhelfen. Profigärtner setzen im Gewächshaus zu diesem Zweck Hummeln ein.
Nicht alle Tomatensorten eignen sich für die Gewächshauskultur. Bei Freilandsorten kann es passieren, dass die Früchte beim Anbau im Gewächshaus platzen. Empfehlenswert fürs Kleingewächshaus sind z. B. die Stabtomatensorten ‘Estrella’, ‘Hellfrucht’, ‘Moneymaker’, ‘Goldene Königin’ und die Fleischtomatensorten ‘Master' F_1, ‘Myrto’ F_1, ‘Pyros’ F_1, ‘Super Marmande’.

Paprika und Peperoni

Paprika und Peperoni fühlen sich im warmen Gewächshausklima wohl. Sie sollten erst gepflanzt werden, wenn sich der Boden auf 14 °C erwärmt hat, also etwa Mitte bis Ende April. Der optimale Temperaturbereich ist 21 bis 30 °C. Unter 15 °C wächst Paprika kaum noch.
Der Pflanzabstand beträgt etwa 50 x 50 cm.
Gewächshauspaprika sind wüchsiger als Freilandpflanzen. Sie brauchen eine Stütze in Form von Schnüren oder Stäben. In größeren Beständen kann man sie mit Hilfe von Drahtnetzen stützen. Diese werden vor dem Pflanzen auf den Boden gelegt und die Paprika in die Maschen-

Tomaten unter Dach: Ein selbst konstruiertes, stabiles Tomatenhaus mit Holzunterbau und Plexiglas.

lücken gesetzt. Wenn die Pflanzen eine gewisse Höhe erreicht haben, werden die Drahtgeflechte hochgezogen und auf Pflöcken befestigt. Bei sehr wüchsigen Pflanzen kann es nötig sein, noch ein weiteres Drahtgeflecht in zweiter Etage darüber zu befestigen.

Zur Bodenbedeckung im Kleingewächshaus ist Mulchvlies zu empfehlen, wie es Profigärtner verwenden. Wässern, Düngen und besonders die Kontrolle auf Schädlingsbefall ist bei der weiteren Pflege im Kleingewächshaus sehr wichtig. Blattläuse, Weiße Fliegen und Spinnmilben gefährden die Paprikakulturen.

Auberginen

Wegen ihres hohen Wärmebedarfs ist es ratsam, Auberginen im Gewächshaus anzubauen. Die Pflanzen wachsen optimal bei einer Temperatur über 20 °C. In beheizten Gewächshäusern kann man ab Mitte April pflanzen, in unbeheizten ab Mitte Mai. Der Pflanzabstand im Gewächshaus sollte etwas größer sein als im Freien, da die Pflanzen im Gewächshaus höher werden: 60–70 cm in der Reihe, 100 bis 110 cm von Reihe zu Reihe. Später muss man die buschigen Pflanzen stützen. Profigärtner ziehen die Pflanzen entweder an Schnüren in die Höhe oder geben ihnen ein Drahtnetz als Stütze. Die Pflanzentriebe wachsen durch die weiten Maschen des Netzes hindurch und können so nicht abbrechen. Beim Anbau nur weniger Pflanzen lohnt sich dieser Aufwand jedoch nicht. Veredelte Auberginen sind wüchsiger als unveredelte Pflanzen; sie brauchen auf jeden Fall eine gute Stütze.

Auberginen verlangen bei der weiteren Kultur viel Sorgfalt: Die Gärtner müssen gießen und düngen, kranke und gelbe Blätter entfernen, eventuell sogar die untersten Blätter bis zu den ersten Früchten abknipsen, wie es die Profis machen.

Ganz wichtig ist die Kontrolle auf Schädlingsbefall. Häufig finden sich Spinnmilben, Blattläuse und Weiße Fliegen ein, und sogar der Kartoffelkäfer kann sich an Auberginen gütlich tun. Trockener Stand begünstigt den Schädlingsbefall. Probleme kann es bei der Gewächshauskultur auch mit Wurzelkrankheiten und mit Blatt- und Fruchtfleckenkrankheiten geben.

Bei zu niedrigen Temperaturen unter 15 °C und bei Lichtmangel lassen die sehr empfindlichen Auberginen Knospen und Blüten fallen.

Wegen ihres hohen Wärmebedarfs gedeihen Auberginen am besten im Gewächshaus.

Andenbeeren und Tomatillos

Andenbeeren und Tomatillos gedeihen zwar auch im Freiland. Im Kleingewächshaus wachsen sie jedoch üppiger und werden höher. Der Pflanzabstand sollte deshalb mindestens 1 m betragen. Für eine stabile Stütze der bis etwa 2 m hoch wachsenden Pflanzen muss gesorgt sein. Beim Anbau im Gewächshaus ist die Ernte bis in den Spätherbst hinein möglich. Bei Freilandkultur reifen viele Früchte nicht richtig aus. In frostfrei gehaltenen Gewächshäusern oder in Wintergärten können Andenbeeren und Tomatillos – ausgepflanzt oder im Topf – überwintern und lassen sich so sogar mehrjährig kultivieren.

Kultur in Töpfen auf Terrasse und Balkon

Gemüse in größeren Töpfen oder Pflanzgefäßen anzubauen wird immer beliebter. So lässt sich Gemüse auch in kleinen Gärten, auf der Terrasse oder auf dem Balkon heranziehen. Die Züchter bieten mittlerweile für viele Gemüsearten ein spezielles Balkonsortiment an. Die Pflanzen wachsen niedriger und kompakter als die normalen Sorten. Die Früchte sind in der Regel kleiner. Man muss die Pflanzen meistens nicht stützen und stäben. Der Vorteil der Pflanzen im Topf ist, dass sie immer an die besten Plätze gerückt werden können: vor Wind und Regen geschützt oder in die Sonne.
Ein wenig gärtnerische Zuwendung brauchen jedoch auch die Balkongemüse. Wichtig sind genügend große Töpfe mit gutem Wasserabzug und ein gutes Pflanzsubstrat. Wer nur auf dem Balkon gärtnert, ist auf käufliche Blumenerde angewiesen. Wer einen Garten besitzt, kann sich die Erde auch selbst aus Gartenerde, Kompost, etwas Sand und gekaufter Blumenerde zusammenmischen. Das Selbermischen verlangt jedoch Fingerspitzengefühl. Wichtig ist, dass immer eine Wasser speichernde Komponente wie Torf mit enthalten ist. In einem Pflanzsubstrat nur aus Gartenerde und Kompost wachsen Pflanzen nicht richtig und sterben womöglich ab. Bei sehr zehrenden bzw. nährstoffbedürftigen Gemüsen mischt man schon beim Pflanzen ein paar Löffel Hornmehl, Hornspäne oder Langzeitdünger mit ins Substrat.
Gemüse im Topf braucht viel Wasser. Im Sommer kann es nötig sein, zwei- oder dreimal am Tag zu gießen. Dazu nimmt man bevorzugt angewärmtes Wasser aus einer Tonne. Profi-Balkongärtner installieren automatische Bewässerungen mit einem Schlauch- und Tropfersystem, das an die Wasserleitung angeschlossen wird. So ausgerüstet, kann man das Balkongemüse weitgehend sich selbst überlassen und auch mal ein paar Tage in Urlaub fahren.

Tomaten im Topf brauchen viel Wasser. Die Mulchdecke aus Stroh schützt etwas vor Wasserverlust durch Verdunsten.

Tomaten

Wer etwas Sorgfalt und Mühe aufwendet, kann alle Tomatensorten auch in großen Töpfen oder Kübeln ziehen. Am ehesten eignen sich für diese Anbauform jedoch Cocktail- und Cherrytomaten. Man kann sie freilich nicht einfach so wachsen lassen, sondern muss sie an Stäben oder Stöcken anbinden oder an Schnüren in die Höhe leiten. Das sagt sich einfacher, als es getan ist: Stäbe und Stöcke kann man in den Töpfen nicht wie im Freiland einrammen. Die Pflanzen haben so keinen stabilen Halt; bei starken Winden werden sie samt den Stöcken windschief oder knicken um. Da muss man sich an den jeweiligen Standorten also etwas einfallen lassen, um das Umfallen zu verhindern. Mit Buschtomaten hat man dieses Problem nicht; die brauchen nicht unbedingt gestäbt werden.

Anbau im Erdsack

Findige Balkongärtner kamen auf die Idee: Tomaten lassen sich auch in großen Plastiksäcken mit fertigem Kultursubstrat anbauen. Dazu schlitzt man einfach die Säcke kreuzförmig auf und setzt die Jungpflanzen in die Erde. Die Tomaten durchwurzeln nach und nach das Substrat. Es ist nur darauf zu achten, dass die Pflanzen genügend Wasser und Nährstoffe erhalten. Damit überschüssiges Wasser abfließen kann, sollte man die Folie im unteren Bereich anstechen. Wenn die Ernte abgeschlossen ist, lassen sich Folie und organisches Material separat entsorgen.

Paprika und Peperoni

Die neuen Paprikasorten und vor allem Peperoni bieten sich für die Kultur in Töpfen an. Die Pflanzen vieler Sorten haben eine überschaubare Größe, die von der Proportion her in Pflanzgefäße passt. Bei vollem Fruchtbehang muss man sie mit Holzstäben etwas stützen.
Paprikapflanzen sehen immer »aufgeräumt« aus, ohne dass man viel an ihnen arbeiten muss. Sie sind also ideal für Balkongärten oder für Sitzplätze am Haus, wo es eher als im Gemüsegarten auf die Ästhetik ankommt. Besonders dekorativ sind die Topfpflanzen im Spätsommer und Frühherbst, wenn die Früchte sich rot färben – eben zu einer Zeit, wenn andere Balkonblumen schon etwas nachlassen. Der Handel bietet gerade im Herbst Zierpaprika in Töpfen an. Die Mini-Paprikafrüchte dieser Sorten sind übrigens nicht nur zum Anschauen, sondern auch zum Essen da.

Auberginen

Auberginen gedeihen an einem geschützten, warmen Platz am Haus gut. Die Pflanzen für die Topfkultur kann man selbst heranziehen oder beim Gärtner kaufen. Für die Kultur in Töpfen gibt es spezielle kleinwüchsige Sorten wie 'Baby Bell' mit Mini-Früchten oder auch die bekannte Sorte 'Madonna' mit normal großen Früchten. Sehr dekorativ wirkt auch die Weiße Aubergine mit eiförmigen Früchten.

Paprika- und Peperonipflanzen eignen sich sehr gut für die Kultur in Töpfen.

Andenbeeren

Andenbeeren sind sehr wüchsige Pflanzen. In Töpfen können sie nur begrenzt wachsen. Für ihr üppiges Grün brauchen sie viel Wasser und Nährstoffe. Ausgepflanzt in Erde, wachsen sie besser. Sie sind etwas robuster als Tomaten und Paprika und entwickeln sich auch in etwas kühleren Sommern noch gut. Andenbeeren lassen sich gut durch Stecklinge vermehren. Dies geschieht im Herbst. Den Winter über bis zum Auspflanzen stehen die Pflanzen auf jeden Fall im Topf und frostfrei.

Durch Mulchen und Tröpfchenbewässerung aus dem – selbst perforierten – Schlauch lässt sich viel Wasser sparen.

Düngen, Wässern und Mulchen

Tomaten

Tomaten gehören in der gärtnerischen Fachsprache zu den Nährstoffzehrern (Starkzehrern); sie müssen also gut mit Nährstoffen versorgt werden. Im Hausgarten ist der Kompost die wichtigste Nährstoff- und Humusquelle. Organische oder mineralische Handelsdünger oder Hornmehl bzw. Hornspäne kann man ebenfalls nach den Angaben auf der Packung ausbringen.

Biogärtner haben noch ein paar Geheimtipps für besonders gute Ernten auf Lager: Sie geben reichlich grob zerkleinerte Brennnesseln mit in die Pflanzgrube. Diese enthalten viel Stickstoff und Eisen – Mineralstoffe, die die Tomatenpflanze sich nach und nach für ihre Ernährung aus dem Boden holt. (Bei anderen Gemüsekulturen ist jedoch davon abzuraten, frisches organisches Material ins Pflanzloch zu geben.)

Die Mulchschicht bewirkt noch etwas anderes: Die Tomatenpflanzen schicken bald ihre feinen Wurzeln in diese halb erdige, halb humose Schicht und versorgen sich hier mit Nährstoffen. Deshalb darf man in der Mulchschicht um die Tomaten auf keinen Fall hacken.

Mulchen spart Wasser

Brennnesseln eignen sich auch hervorragend zum Mulchen gleich nach dem Pflanzen und den ganzen Sommer über. Tomaten mögen es sehr, wenn ihr »Fuß« den Sommer über mit einer Mulchschicht geschützt ist. Auf diese Weise verdunstet nicht so viel Wasser aus dem Erdreich, und unter der schützenden Schicht entsteht ein ideales, feuchtes Kleinklima, in dem sich Bodenlebewesen wohl fühlen.

Zum Mulchen nehmen findige Gartenbesitzer alles, was der Garten hergibt: geschnittene Brennnesseln vor der Blüte, grob zerkleinerte Comfreyblätter oder halb verrotteten Kompost. So gelangen zusätzliche Nährstoffe in den Boden.

Ein wichtiger Effekt des Mulchens ist auch, dass die Erde unter der Mulchschicht wie zu einem Schwamm wird, der Regenwasser und Gießwasser gut aufnehmen und speichern kann. Das Wasser spritzt beim Gießen nicht so hoch, die Pflanzen bleiben trocken, und es kommt weniger leicht zu einer Infektion mit der gefürchteten Kraut- und Braunfäule.

Tipps zum Gießen

Aus dem gleichen Grund versenken manche Gärtner Blumentöpfe oder Teile von Drainagerohren neben den Tomatenpflanzen. Beim Gießen in diese Hohlräume spritzt das Wasser kaum hoch. Generell, auch beim Anbau im Gewächshaus, sollte man es möglichst vermeiden, über die Pflanzen zu gießen.

Tomatenpflanzen brauchen für eine gute Entwicklung relativ viel Wasser. In kleinen Beständen nimmt man zum Gießen praktischerweise die Gießkanne und schöpft damit angewärmtes

Wasser aus der Tonne. Findige Hausgärtner tun es den Profigärtnern nach und installieren automatische Bewässerungsanlagen.

Paprika und Peperoni

Paprikapflanzen gehören wie die Tomaten zu den Starkzehrern und sind auf gute Nährstoffversorgung angewiesen. Im Hausgarten versorgt man sie mit reichlich Kompost und/oder Handelsdüngern. Während des Wachstums ab der Blütenbildung tut ihnen Flüssigdüngung gut. Für eine erfolgreiche Paprikakultur ist ausreichendes Wässern entscheidend. Die Pflanzen bilden nur wenig Wurzelwerk aus, können sich also nicht aus tieferen Bodenschichten mit Wasser versorgen. Umso wichtiger ist deshalb das Mulchen etwa mit Vlies oder Folie, wodurch mehr Wasser im Boden gespeichert bleibt. Der Wurzelraum lässt sich durch Anhäufeln einige Wochen nach dem Pflanzen etwas vergrößern. Außerdem werden die Pflanzen so standfester.

Auberginen und Andenbeeren

Die **Aubergine** will mit Nährstoffen gut versorgt sein; sie verlangt einen tiefgründigen, lockeren Boden mit einem hohen Gehalt an organischer Substanz und eine neutrale Bodenreaktion mit einem pH-Wert von 6,5–7. Ab dem Blühbeginn tun ihr Flüssigdüngungen im Abstand von einigen Wochen gut. Dafür kann man handelsübliche Produkte oder Brennnesseljauche (1:10 mit Wasser verdünnt) verwenden.

Die **Andenbeere** ist nicht ganz so anspruchsvoll wie die anderen Fruchtgemüse. Sie kommt mit weniger Nährstoffen aus, schätzt aber gleichmäßige Feuchtigkeit im Boden; deshalb ist Mulchen mit organischem Material oder mit Mulchvlies günstig.

Beim Intensiv-Anbau unter Glas hängen die Paprikapflanzen »am Tropf« – Bewässerung und Düngung werden automatisch gesteuert. Die weiße Folie reflektiert das Sonnenlicht.

Fruchtfolge und Mischkultur

Tomaten

Tomaten gelten als mit sich selbst verträglich, sie können durchaus einige Jahre lang immer an derselben Stelle stehen. Erst bei langjährigem Anbau kann es zu Fruchtfolgeschäden kommen. Sicherheitshalber wartet man zwei bis drei Jahre, bis man Tomaten wieder an die gleiche Stelle setzt. Diese Anbaupause sollte man auch vor oder nach anderen Nachtschattengewächsen einhalten. Eine andere Möglichkeit, Fruchtfolgeschäden zu vermeiden, ist der Anbau von veredelten Tomaten.

Im Hausgartenanbau sind Mischkulturen sinnvoll. Günstige Mischkulturpartner sind Petersilie, Sellerie und Kohlgewächse. Petersilie sagt man eine geringe Schutzwirkung vor der Kraut- und Braunfäule nach. Eine gute Vorkultur ist übrigens der Spinat. Er bereitet mit seinem feinen Wurzelwerk und seinen Saponinausscheidungen den Boden vor. Tomatenpflanzen kann man also direkt in Spinatreihen setzen. Das Blattwerk wird abgehackt und bleibt als Mulchdecke liegen.

Ungünstig ist der Anbau von Tomaten neben Kartoffeln, denn die Kraut- und Braunfäule überträgt sich von Kartoffeln auf Tomaten.

Solch schöne Tomatenbestände im Freiland sind eher die Ausnahme. Es empfiehlt sich, die Tomaten immer wieder an einem anderen Platz im Garten anzubauen.

Paprika

Paprika ist mit sich selbst nicht verträglich und sollte frühestens nach vier Jahren wieder an die gleiche Stelle gepflanzt werden. Bei kürzeren Abständen kann es sehr schnell zu Fruchtfolgeschäden durch bodenbürtige Welkekrankheiten kommen. Paprika sollte nicht zusammen mit anderen Nachtschattengewächsen stehen, andererseits vertragen sich Paprika und Tomaten gut nebeneinander im Gewächshaus, da sie ähnliche Kulturansprüche haben.

Auberginen

Die Aubergine ist mit sich selbst nicht verträglich. Sie sollte nicht neben anderen Nachtschattengewächsen wie Tomaten stehen.

Andenbeeren

Mit der Andenbeere müssen Gärtner noch Anbauerfahrungen sammeln. Vorsichtshalber sollte man die Pflanzen jedes Jahr an eine andere Stelle setzen.

Schutz vor Krankheiten und Schädlingen

Krankheiten und Schädlinge stellen den Gärtner immer wieder vor neue Probleme. Im Freiland spielen die Pilzkrankheiten die größte Rolle. Im Gewächshaus sind es eher die Schädlinge, die für unschöne Überraschungen sorgen. Profianbauer haben es oft auch mit Krankheiten und Schädlingen im Wurzelbereich zu tun, also mit Fruchtfolgeschäden, die beim langjährigen Anbau derselben Kultur an einer Stelle auftreten.

Seit Mitte der 1990er Jahre grassiert die Kraut- und Braunfäule und hat seither vielen Gemüseanbauern die Freude an den Tomaten verdorben.

Kraut- und Braunfäule an Tomaten

Bei Tomaten haben Hobbyanbauer die meisten Probleme mit der Kraut- und Braunfäule *(Phytophthora infestans)*, einer Pilzkrankheit, die auch an Kartoffeln auftritt. Ausgangspunkt für Infektionen sind meistens Kartoffelbestände im weiten Umkreis um die Tomaten. Der Wind transportiert die Pilzsporen über weite Entfernungen, so auch zu den Tomatenstöcken im Garten. Die Pilzsporen keimen nur bei Feuchtigkeit und Wärme; sie dringen in das Pflanzengewebe ein und durchziehen es innerhalb kürzester Zeit. So erklärt sich, wenn Tomatenbestände scheinbar »über Nacht« zusammenbrechen.

Die Gefahr des Pilzbefalls besteht aber nicht von Anfang an; erst etwa ab Ende Juni ist mit einem Befall zu rechnen, wenn die Kartoffeln in den Gärten und auf den Äckern der Umgebung krank sind. Insofern nützt es auch nicht, wenn man den Standort im Garten wechselt; die Kraut- und Braunfäule ist keine Fruchtfolgekrankheit. Allerdings ist nicht auszuschließen, dass die Pilzkrankheit über nicht verrottetes Blattwerk im Boden weiterverbreitet wird.

Die Krankheit äußert sich mit graugrünen Flecken auf den Blättern mit weißen Pilzrasen auf der Blattunterseite. Bei feuchtem Wetter faulen die Blätter, bei trockenem vertrocknen sie. Die Früchte bekommen braune, eingesunkene Flecken; das Fruchtfleisch darunter ist verhärtet.

Widerstandsfähige Sorten
Gegen die gefürchtete Pilzkrankheit müssen Tomatengärtner mit allen möglichen Strategien vorgehen. Das beginnt bei der Wahl der richtigen Sorte. Einige Wildarten, herkömmliche Sorten und Neuzüchtungen haben sich als widerstandsfähig gegen die Kraut- und Braunfäule erwiesen. Eine natürliche Widerstandsfähigkeit, eine Resistenz, bringen die Wildtomaten-Arten *Lycopersicon cerasiforme* und *L. humboldtii* mit. Die sind jedoch im allgemeinen Saatguthandel nicht zu bekommen, allenfalls über Samenarchive. Wichtiger sind die allgemein zugänglichen Sorten wie die Baumtomate 'De Berao', von der viele Anbauer begeistert sind. Als relativ widerstandsfähig gelten auch die Cherry- und Cocktailtomaten.
Tomatenzüchter bemühen sich intensiv, neue widerstandsfähige Sorten auf den Markt zu bringen. 2000 war es mit 'Vitella' F_1 und 'Myrto' F_1 soweit. Seit 2005 ist mit 'Maestria' F_1 eine andere sehr tolerante Sorte auf dem Markt. Weitere neue Sorten kommen 2006 hinzu. Bei professionellen Versuchen und im privaten Testanbau schneiden die Sorten 'Vitella' F_1 und 'Myrto' F_1 meist gut bis sehr gut ab. Frei von Schäden durch den Braunfäulepilz bleiben jedoch auch diese Hybridsorten nicht; oft ist es so, dass die Pflanze zwar befallen ist, die Früchte aber alle ausreifen.
Inzwischen gibt es auch neue, hochtolerante Sorten, die sogar als resistent gelten können.
Es sind die Cherrytomate 'Philovita' F_1 und die Stabtomaten-Sorte 'Phantasia' F_1. Weitere Sorten werden in Kürze dazukommen. Bei ihnen ist es gelungen, Resistenzgene aus Wildtomaten in die Kultursorten einzukreuzen.

Strategien gegen die Kraut- und Braunfäule
1. Vorbeugen: widerstandsfähige Sorten aussuchen, optimalen Standort wählen, gute Kulturbedingungen schaffen.
2. Schützen: geschützter Anbau unter Glas oder in einem speziellen Tomatenhaus; Anbau in Töpfen; beim Gießen Spritzwasser vermeiden; Boden mulchen; evtl. Tröpfchenbewässerung.
3. Bekämpfen: befallene Teile ausbrechen, Präparate anwenden.

Geschützter Standort
Die sicherste Vorbeugung vor der Kraut- und Braunfäule bleibt immer noch der Anbau unter Glas oder in einem zumindest nach oben und zu den Wetterseiten hin geschützten lichtdurchlässigen Verschlag. Fantasievolle Tomatenhaus-Konstruktionen sind da in den vergangenen Jahren entstanden. Noch besser als ein Platz im Freiland ist es, wenn man der wärmebedürftigen Kultur einen Platz auf der Terrasse oder unter einem Dachvorsprung anbieten kann. Hier stehen die Pfleglinge nicht nur geschützt vor Regen, sie kommen zusätzlich in den Genuss der Wärmestrahlung vom Mauerwerk. All diese Konstruktionen aus Holz und Plastikfolie dienen dem Zweck, Regen und Feuchtigkeit von den Tomatenstöcken fern zu halten. Blätter, Stängel und Früchte sollen nicht nass werden beziehungsweise schnell wieder abtrocknen. Bei Trockenheit hat der Pilz keine Chance. Die verbreiteten Tomatenhauben eignen sich dagegen nicht zum Schutz vor Feuchtigkeit; unter der Folie trocknen die Blätter zu langsam

Die Kraut- und Braunfäule befällt die ganze Pflanze: zunächst die Blätter und Stängel, schließlich auch die Früchte – bis hin zum Totalschaden.

ab, da sich die Luft hier nicht bewegt. Außerdem kann es unter der Haube Probleme mit der Befruchtung geben. Diese Abdeckungen dienen nach dem Auspflanzen eher dem Schutz vor Kälte.
Doch auch der geschützte Anbau unter Glas bietet nicht hundertprozentige Sicherheit. Die Bestände hier können ebenfalls befallen werden, wenn sie zu dicht stehen und das Blattwerk nach dem Wässern nicht gut genug abtrocknen kann. Für eine sanfte Luftbewegung im Gewächshaus sollte deshalb gesorgt sein.
Erscheinen trotzdem die verräterischen Flecken auf den Blättern, ist guter Rat gefragt. Oft nützt es schon viel, wenn man die befallenen Blätter abbricht. Wenn es danach trocken bleibt, lässt sich die weitere Ausbreitung der Pilzkrankheit noch verhindern. Erfahrene Tomatengärtner beugen zudem durch Abbrechen der unteren Blätter dem Befall vor. Dabei aber nicht zu viel auf einmal ausbrechen, denn die Pflanze braucht nach wie vor ihr grünes Blattwerk zur Assimilation.

Hausmittel und Präparate

Biogärtner versprechen sich Erfolg von pflanzlichen Mitteln und von der Mischkultur. Sie spritzen vorbeugend mit Schachtelhalmbrühe oder bauen die Tomaten in Mischkultur mit Petersilie oder Sellerie an. Gewisse Erfolge erzielten Bioanbauer im Gewächshaus mit dem Spritzen von Magermilch. Die Versuchsanstalten testeten Braunalgen- oder Kräuterextrakte. Manche Gärtner schwören auf den Erfolg von EM-Mikroorganismen.
Einige Kupfer-Spritzmittel versprechen Erfolg: Kupferkalk (Kupferoxychlorid) und Kupferoktanoat, von dem eine sehr geringe Wirkstoffkonzentration genügt. Kupfer tötet die Pilzsporen ab, bevor sie in die Pflanzen eindringen können. (Die häufig als »Geheimtipp« gehandelte Methode, die Stängel mit Kupferdraht zu umwickeln oder Kupferdrähte in die Pflanze zu stecken, ist dagegen nachweislich völlig wirkungslos.)
Im konventionellen Anbau stehen wirkungsvolle Fungizide zur Verfügung (unter verschiedenen Markennamen im Handel).
Keinen Schutz vor der Kraut- und Braunfäule bringen veredelte Tomaten.

Die scharf abgegrenzten schwarzbraunen Flecken auf dem Tomatenstängel sind typisch für die Kraut- und Braunfäule der Tomate.

Weitere Pilzkrankheiten

• **Grauschimmel** *(Botrytis cinerea)* äußert sich an Paprika und Tomaten mit weichen Faulstellen, die sich mit grauem Schimmelrasen überziehen. Tritt an geschwächten Pflanzen und bei hoher Luftfeuchtigkeit auf. Befallene Pflanzenteile vernichten! Die so genannten **Geisterflecken** zeigen sich, wenn die Infektion mit Grauschimmel schnell stoppt; es sind dann kleine runde Flecken zu erkennen, die von einem hellen, schmalen Ring umgeben sind.

• **Stängelfäule** *(Didymella lycopersici)* tritt an Tomaten recht häufig auf. An den Stängeln zeigen sich in Bodennähe schwarzbraune, eingesunkene Flecken. Später kann der Stängel auch weiter oben befallen sein, ebenso die Früchte um den Fruchtstielansatz herum. Vorbeugend kann man sich durch Einhalten einer weiten Fruchtfolge schützen. Wichtig ist auch, dass man Pflöcke oder Stäbe desinfiziert und jeweils neues Material zum Anbinden verwendet. Die Stängelfäule kann auch über Saatgut übertragen werden. Sie lässt sich mit Kupferkalk (Kupferoxychlorid) bekämpfen.

• **Sclerotiniafäule** *(Sclerotinia sclerotiorum):* An Tomaten und anderen Gemüsearten treten am Grund des Stängels Verfärbungen auf; darüber liegende Partien welken und sterben ab. Im Inneren des Stängels bildet sich ein watteartiges Pilzgeflecht mit schwarzen, bohnengroßen Dauerfruchtkörpern (Sclerotien). Die Krankheit tritt hauptsächlich auf feuchten Böden auf. Zur Vorbeugung unbedingt Fruchtwechsel einhalten.

• **Samtflecken- oder Braunfleckenkrankheit** *(Cladosporium fulvum)* tritt an Tomaten, Paprika und Auberginen im Gewächshaus auf. Auf den Blättern bilden sich oberseits gelbe Flecken, unten brauner bis olivgrüner Pilzbelag. Die Blätter sterben schließlich ab. Die Früchte haben eingesunkene Flecken, unter denen das Fruchtfleisch fault. Resistente Sorten (siehe Sortenbeschreibungen) stehen zur Verfügung.

• **Verticillium-Welke** *(Verticillium albo-atrum* und *V. dahliae)* an Paprika und Auberginen. Blätter und Stamm welken plötzlich und sterben ab. Weite Fruchtfolge einhalten. Resistente Sorten wählen.

• **Echter Mehltau** *(Oidium lycopersici):* Beim Anbau von Tomaten im Gewächshaus gibt es seit einiger Zeit Probleme mit dem Echten Mehltau. Der Pilz breitet sich in heißem, trockenem Klima aus. Bei solchen Verhältnissen kann es auch zu Infektionen im Freiland kommen. Einige Sorten wie 'Maranello' F_1 erwiesen sich als resistent. Der Echte Mehltau wurde auch schon im Freiland beobachtet.

- **Blattfleckenkrankheit** *(Septoria lycopersici)* an Tomaten. Diese Pilzkrankheit tritt in regenreichen Sommern auf. Kranke Blätter entfernen und vernichten. Weite Fruchtfolge einhalten und Mischkultur mit Lauch und Kohl praktizieren.
- **Dürrfleckenkrankheit** *(Alternaria solani)* an Tomaten und Paprika. Die Früchte werden stellenweise weich und faulen. Auf den Faulstellen bildet sich ein weißes Pilzmycel mit mattschwarzen Sporenlagern. Weite Fruchtfolge einhalten und Mischkultur mit Möhren, Spinat und Kohlarten.

Bodenbürtige Krankheiten und Schädlinge

Bei ständigem Anbau von Tomaten, Paprika und Auberginen am selben Platz können sich bestimmte Organismen im Boden ausbreiten und die Pflanzen schwächen.

- **Nematoden = Älchen** *(Meloidogyne* sp.) treten sehr häufig auf. Sie verursachen Gallenbildungen an den Wurzeln.
- **Korkwurzelkrankheit** *(Pyrenochaeta lycopersici)* äußert sich an den Wurzeln entweder durch korkige, längs aufgerissene und verdickte Wurzeln oder Absterben der feinsten Seitenwurzeln. So geschädigt, kann sich die Pflanze nicht mehr ausreichend mit Wasser versorgen, die Pflanzen »schlappen«. Durch den Anbau resistenter Sorten kann man Schäden durch die Korkwurzelkrankheit umgehen.
- **Wurzelbrand** *(Pythium debaryanum)* verursacht dunkle Flecken und Einschnürungen am Wurzelhals, junge Pflanzen knicken um, ältere Pflanzen kümmern.

Profianbauer umgehen das Problem durch den Anbau von veredelten Pflanzen. (Eine andere Möglichkeit ist das Entseuchen des Bodens.) Die Veredelungsunterlagen sind Wildtomaten-Kreuzungen, die resistent oder hochtolerant gegen die Schaderreger sind. Veredelte Pflanzen wachsen deshalb zügig und bringen einen hohen Ertrag. Viele Tomatenneuzüchtungen sind gegen die Schadorganismen resistent.
Im Hausgarten sollte man sich zusätzlich immer noch an alte Anbauregeln halten und einen Fruchtwechsel einhalten, das heißt die jeweiligen Gemüse erst nach einer mehrjährigen Pause wieder an dieselbe Stelle setzen.

Die Samtfleckenkrankheit tritt im Gewächshaus auf. Die Gärtner können durch den Anbau resistenter Sorten das Problem umgehen.

Geplatzte Tomatenfrüchte sind ein häufiges, zum Teil von der Sorte abhängiges Phänomen. Es tritt oft auf, wenn es nach Trockenperioden stark regnet.

Bakterielle Krankheiten

- **Bakterienwelke** *(Corynebacterium michiganense)* an Tomaten, Paprika und Auberginen. Einzelne Blätter werden braun und welken, später stirbt die Pflanze ab. Auf den Früchten bilden sich runde, eingesunkene Flecken mit weißem Rand.
- **Fusarium-Welke** *(Fusarium oxysporum)* und *Fusarium*-Fußkrankheit *(Fusarium oxysporum* f. sp. *radicis-lycopersici)*. Die Welke zeigt sich bei größeren Pflanzen; sie welken von den unteren Blättern her und sterben dann ab.

Viruskrankheiten

- **Tabakmosaikvirus (TMV-Virus) = Tomatenmosaikvirus** befällt außer Tabak auch Tomaten, Paprika, Auberginen. Äußert sich in einer Mosaikscheckung der Blätter. Die Früchte bekommen braune, ringförmige Flecken, unter denen das Fruchtfleisch hart und grünlich bleibt. Viele Zuchtsorten sind gegen das Tabakmosaikvirus resistent.
- **Paprikamosaikvirus 1, 2 und 3** an Paprika. Äußert sich in einer Mosaikscheckung der Blätter. Das Mosaikvirus wird von Blattläusen übertragen, deshalb muss man in Paprikakulturen auf Blattlausbefall achten und die Schädlinge gegebenenfalls bekämpfen. Moderne Paprikasorten sind resistent gegen das Virus.

Sonstige Schäden

Schäden an den Gemüsen müssen nicht immer von Krankheiten oder Schädlingen herrühren. Oft haben die Schäden mit der Witterung zu tun oder beruhen auf Nährstoffmangel oder Nährstoffüberschuss.

- **Blattrollen** ist eine physiologische Störung, die bei Witterungsschwankungen und Nährstoffüberschuss auftritt.
- **Blütenendfäule** an Tomaten und Paprika entsteht bei Kalziummangel. Längliche Paprikasorten erweisen sich als anfälliger als blockige Typen. Dabei bildet sich ein dunkelbrauner, eingesunkener Fleck um den Stiel herum.
- **Grünkragen** ist eine physiologische Störung bei Tomaten. Dabei zeigen sich um den Stielansatz grüne oder gelbe, verhärtete Zonen. Grünkragen kann bei einer zu hohen Düngung mit Stickstoff auftreten, aber auch bei einer zu starken Erwärmung des Fruchtrückens.
- **Wassersucht** an Tomaten äußert sich in verwaschengelben Verfärbungen, gleichzeitig färben sich Teile des Fleisches braun. Ursachen sind Kalziummangel und Unregelmäßigkeiten in der Bewässerung.
- **Platzer:** Tomatenfrüchte platzen, wenn nach einer langen Trockenperiode viel Regen fällt.

• **Hagelschaden:** An den Einschlagstellen der Hagelkörner vernarbt die Haut.
• **Sonnenbrand** kann bei zu starker Erwärmung einzelner Fruchtpartien bei starker Sonneneinstrahlung entstehen. Bei Auberginen verfärbt sich die Schale hellviolett. Beim Auspflanzen im Frühjahr bekommen die Blätter leicht Sonnenbrand.
• **Unterkühlung**: Bei Auberginen färbt sich die Schale bei Temperaturen unter 8 °C bräunlich.
• **Rußtaupilze** bilden schwärzlichen Belag bei Befall mit Weißer Fliege oder Blattläusen.
• **Schneckenfraß:** In manchen Jahren machen die Schnecken sogar vor Tomaten und Paprika nicht Halt, kriechen an den Stängeln hoch und fressen die Früchte von außen her an.

Schädlinge

Beim Anbau im Gewächshaus spielen Schädlinge eine größere Rolle als Pilzkrankheiten. **Blattläuse, »Weiße Fliege«** (=Mottenschildläuse) und **Spinnmilben** können sich an allen Fruchtgemüsearten sehr schnell ausbreiten. Profigärtner beugen dem Befall durch möglichst optimale Kulturbedingungen vor und steuern Nährstoff- und Wasserversorgung, Temperatur und Luftfeuchtigkeit. Trockenheit begünstigt oft den Befall mit Schädlingen. Durch genügendes Wässern und Lüften lässt sich also dem Schädlingsbefall gut vorbeugen.
Trotz bester Kulturbedingungen muss man im Gewächshaus laufend auf Schädlingsbefall hin kontrollieren. Also Pflanzen auf den Blattunterseiten anschauen, zur Kontrolle von Weißer Fliege eventuell Gelbtafeln aufhängen. Profianbauer setzen bevorzugt Nützlinge gegen die Schädlinge ein. Blattläuse haben zahlreiche Gegenspieler – Florfliegen, Schwebfliegen, Schlupfwesen, Marienkäfer, Räuberische Gallmücken. Schlupfwespen räumen bei der Weißen Fliege auf, Raubmilben fressen Spinnmilben.
Im Hobbyanbau ist der Nützlingseinsatz nicht so verbreitet, aber gut machbar, denn Nützlinge sind über normale Handelswege gut zu bekommen. Ein Versuch lohnt sich auf jeden Fall.
Die Schädlingsregulierung gelingt auch mit Präparaten wie Kaliumseife oder synthetischen Präparaten.

Hagelkörner haben diese Frucht getroffen. Die Einschlagstellen sind vernarbt.

Die Weiße Fliege bereitet im Gewächshaus Probleme. Das Insekt saugt an den Blättern und schwächt die Pflanze.

Saatgut gewinnen und aufbewahren

Es kann sehr reizvoll sein, von selbst angebauten Pflanzen und Früchten Saatgut zu nehmen. Bei Tomaten, Paprika und Andenbeeren gelingt das problemlos. Voraussetzung für eine erfolgreiche Vermehrung ist allerdings, dass man Samen von **samenfesten Sorten** nimmt (bei den Sortenbeschreibungen in diesem Buch wird auf diese Eigenschaft hingewiesen). Samenfeste Sorten sind meistens ältere Züchtungen. Die modernen Sorten, die im Erwerbsgemüsebau angebaut werden und im Hobbyanbau mittlerweile auch sehr verbreitet sind, sind dagegen **Hybridsorten.** Sie tragen angehängt an ihren Sortennamen das Kürzel »F_1«. Auf den Samentüten im Handel ist dies vermerkt. Die Hybridsorten bilden zwar auch Samen aus. Die daraus herangezogenen Pflanzen spalten jedoch auf, das heißt, sie haben andere Eigenschaften als diejenigen Pflanzen, von denen die Samen abgenommen worden sind.

Tomaten

Samen von samenfesten Sorten gewinnt man so: Vollreife Früchte quer aufschneiden und mit einem Löffel die Samen herausholen. Bei den meisten Sorten haftet noch viel Fruchtfleisch und Gallertmasse an ihnen, dann muss man sie noch über einem Sieb unter fließendem Wasser auswaschen. Zum Trocknen nicht auf Papier auslegen, sondern auf einem glatten Untergrund, am besten auf einem Porzellanteller.

Paprika und Peperoni

Hier ist die Saatgutgewinnung sehr einfach. Die Samen in einem Sieb unter fließendem Wasser ausspülen. Sie trocknen ausgelegt auf einem Porzellanteller gut nach. Nicht in direktem Sonnenlicht trocknen. Trockene Samen lassen sich nicht mehr biegen, sondern brechen leicht.

Auberginen

Früchte für die Saatgutgewinnung müssen überreif sein. Man erkennt dies an der Farbe, die bei dunkelvioletten Sorten in ein dunkles Violettbraun umschlägt; weiße Früchte bekommen eine goldene Farbe. Die Früchte nach der Ernte noch einige Wochen lang bei Zimmertemperatur lagern. Die Alternative ist, die Samen erst dann zu ernten, wenn die Früchte bereits verfault sind. Für den kleinen Bedarf pickt man die kleinen braunen Samen aus dem Fruchtfleisch.

Tomatensamen sind in der Frucht von einer gallertigen Masse umgeben. Am besten in einem Drahtsieb unter fließendem Wasser auswaschen.

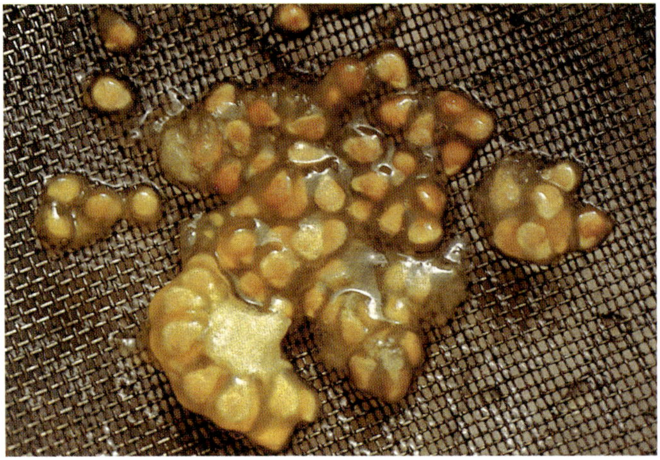

Lagerung von Gemüsesamen	
Tomate	4–6 Jahre und länger
Paprika	3–4 Jahre
Aubergine	4–5 Jahre (7 Jahre)
Andenbeere	3 Jahre und länger
Tomatillo	3 Jahre und länger

Andenbeeren und Tomatillos
Bei Andenbeeren und Tomatillos die feinen Samen aus dem Fruchtfleisch kratzen. Alternativ dazu kann man so vorgehen: Die Früchte im Mixer zerkleinern. In einem Gefäß mit Wasser aufgießen und kräftig umrühren. Die feinen Samen sinken zu Boden. Das Fruchtfleisch-Wasser-Gemisch abschütten, nochmals Wasser zugeben, wieder abschütten – so lange, bis das Saatgut sauber ist. Zum Schluss noch über einem feinmaschigen Sieb mit fließendem Wasser abspülen.
Andenbeeren kann man übrigens gut aus Stecklingen vermehren. Dazu schneidet man im Spätherbst Stecklinge, lässt sie in Wasser Wurzeln ziehen und topft dann ein. Sie entwickeln sich über Winter zu kräftigen Jungpflanzen, die man nach den Eisheiligen ins Freiland oder ins Kleingewächshaus pflanzen kann. Die Vermehrung aus Absenkern gelingt ebenfalls gut. Dazu leitet man Triebe auf den Boden, beschwert sie und lässt sie an Ort und Stelle Wurzeln ziehen. Nach einiger Zeit kann man die Jungpflanzen abtrennen und verpflanzen.

Saatgut aufbewahren

Die trockenen Samen in Schraubgläsern aus Glas oder in Filmdöschen aufbewahren. Manche Gärtner nehmen auch Alufolie und falten sie über den Samen zusammen. Welches Material oder Behältnis man verwendet, ist nicht so wichtig – Hauptsache, die Samen lagern kühl, trocken und dunkel. Vollkommen trockene Samen kann man auch einfrieren.
Ganz wichtig ist es, die Döschen oder Briefchen zu beschriften, also den Sortennamen und das Sammeljahr zu vermerken. Hilfreich sind auch kurze Notizen auf der Hülle über die wichtigsten Eigenschaften der Sorte; dann muss man nicht immer nachschlagen, wenn man die Tütchen zur Hand nimmt.
Die verschiedenen Gemüsearten behalten ihre Keimkraft unterschiedlich lange. Bei Fruchtgemüse bleibt die Keimfähigkeit jahrelang gut; sie lassen sich bei guten Lagerbedingungen (immer kühl, trocken und dunkel) einige Jahre lang aufbewahren. Diese Hinweise gelten auch für Saatgut aus dem Handel. Angebrochene Tütchen mit Saatgut von Fruchtgemüsen können gut verwahrt ebenso lange lagern. Es lohnt sich also durchaus, auch teure Samentütchen mit besonderen Sorten zu kaufen und vielleicht nur ein oder zwei Korn auszusäen. Über die Jahre verteilt, zahlt sich die Ausgabe dann doch wieder aus.

auf einen blick

- Tomate, Paprika, Aubergine & Co. grundsätzlich im Haus in Töpfchen vorziehen und erst nach den Eisheiligen ins Freiland pflanzen.
- Fruchtgemüse werden in kühlen Klimaregionen im Gewächshaus kultiviert.
- Tomaten schützt man vor der Kraut- und Braunfäule am besten durch eine Überdachung.
- Nicht allzu wüchsige Sorten der Fruchtgemüse eignen sich auch für die Kultur in Töpfen.
- Tomaten mit Stäben stützen. Dies kann auch bei den anderen Fruchtgemüsen nötig sein.
- Das Mulchen erfolgt mit Vlies oder organischen Materialien.
- Saatgutgewinnung lohnt sich von samenechten Sorten; die Samen kühl, trocken, dunkel aufbewahren.

OLYSSOS

Fruchtgemüse in der Küche

Tomate, Paprika und Aubergine kommen den Anforderungen moderner Haushalte entgegen: Sie sind ideal für die schnelle Küche, weil sie keinen großen Putzaufwand erfordern. Dazu bringen sie einen hervorragenden Geschmack mit. Von den »inneren Werten« wie Vitaminen, Mineralstoffen und sekundären Pflanzeninhaltsstoffen ganz zu schweigen. Die Andenbeere nimmt als obstartiges Gemüse eine Sonderrolle ein.

Aufgefädelt an Schnüren, trocknen Chilischoten in südlichen Ländern am besten.

Ernten und Lagern

Tomaten

Tomaten kann man ohne weiteres grün oder – besser noch – wenn sie schon einen Hauch Farbe haben, ernten und im Haus nachreifen lassen. Das ist nicht nur im Spätherbst beim Abräumen des Gartens zu empfehlen, sondern schon im Sommer vor angekündigten kühlen oder regnerischen Wetterperioden oder vor einem Urlaub. Die Früchte bleiben so gesund, und sie platzen nicht, wie es bei starken Regenfällen nach einer Trockenperiode oft der Fall ist. Die grün geernteten Tomaten einzeln nebeneinander auf ein Tablett oder in eine Schachtel legen und kühl (aber nicht kalt) und dunkel stellen.

◀ In manchen Jahren ist der Erntesegen groß: Da werden Tomaten und Paprika durch Eindünsten, Trocknen oder Einlegen konserviert.

Als wahre Sonnenkinder vertragen Tomaten keine Kühlschranktemperaturen. Deshalb nie in den Kühlschrank legen, vielmehr bei Zimmertemperatur oder etwas darunter bei 13–18 °C lagern. Nur dann entfalten sie ihr volles Aroma. Strauch- oder Rispentomaten nicht unter 15 °C aufbewahren, dann bleiben sie länger an der Rispe hängen. Und noch etwas: Tomaten sollten nicht neben anderen Gemüsen und Obst lagern, denn sie geben Äthylen an die Umgebungsluft ab – ein Stoff, der zum Beispiel Gurken oder Kiwis schneller reifen und damit verderben lässt.

Paprika und Peperoni

Paprikafrüchte lassen sich in verschiedenen Reifestadien ernten. Zunächst sind die Früchte grün oder je nach Sorte auch gelb oder violett-schwarz. Mit zunehmender Reife geht die Farbe in Rot über. Paprikafrüchte kann man nicht allzu lange lagern, am besten bei 8–10 °C. Sie verlieren Wasser und werden recht schnell lasch. Mit Plastikumhüllung im Kühlschrank aufbewahrt, halten sie sich ein paar Tage länger. Bei den **Peperoni** ist es ebenso. Viele Sorten sind zunächst grün und färben sich beim Reifen rot. Grün, also halbreif, geerntete Peperoni sind etwas milder als die reifen roten. Peperoni halten sich etwa eine Woche lang frisch.

Sie lassen sich sehr gut trocknen. Es ist üblich, sie als dekorative Gebinde in der Küche aufzuhängen. Aroma und Farbe halten sich jedoch besser, wenn man sie abgepackt in Gläsern oder Dosen aufbewahrt.

Auberginen

Auberginen werden halbreif geerntet. Dann ist die Schale gut ausgefärbt (meist dunkelviolett) und glänzt. Beim Aufschneiden sind die Samenkerne weiß und weich. Die Früchte reifen noch nach und lassen sich etwa eine Woche lang im Haus lagern. Die beste Lagertemperatur ist 8 bis 12 °C bei hoher Luftfeuchtigkeit (90 %). Bei Temperaturen unter 5 °C bilden sich Flecken auf der Frucht. Bei überreifen Früchten schlägt die Farbe um, etwa von Dunkelviolett auf ein helleres Lila, der Glanz auf der Haut lässt nach, und beim Aufschneiden sind die Samen dunkler gefärbt.

Mit einem kleinen Trick lässt sich die Nachreife im Haus beschleunigen: Dazu einfach die Tomatenfrüchte in Zeitungspapier einschlagen. Das Äthylen, das den Früchten entströmt, sorgt für eine beschleunigte Reife.

Sehr große Auberginenfrüchte sind oft überreif.
Auberginen möglichst nicht zusammen mit Tomaten und anderem Gemüse, auch nicht mit reifem Obst lagern.

Andenbeeren und Tomatillos

Andenbeeren müssen reif geerntet werden. Sie reifen kaum nach. Aber man kann sie in ihrer pergamentartigen Schutzhülle einige Wochen lang im Kühlen lagern. Tomatillos müssen ebenfalls reif sein. Auch sie bleiben einige Wochen lang frisch.

Grundzubereitungen

Tomaten

Die Tomate macht es einem leicht: Kaum ein anderes Gemüse lässt sich in der Küche roh oder erhitzt so vielseitig zubereiten. In Scheiben geschnitten auf Brot, geachtelt oder gewürfelt im Salat, als Belag für Pizza, als Bestandteil von Gemüsegerichten oder Aufläufen, als Saft, als Ketchup, ja sogar als süße Marmelade ... Oder einfach als süß saurer Leckerbissen in den Mund geschoben.

Tomaten enthäuten
Manche Menschen mögen oder vertragen die harte Tomatenhaut nicht. Und bei manchen Rezepten, wie dem Tomatengemüse, sieht es nicht schön aus, wenn sich die Haut zusammenrollt. In solchen Fällen muss man die Haut vor dem Zubereiten abziehen. Dazu die Früchte kreuzweise einritzen, mit kochendem Wasser übergießen oder 10–15 Sekunden lang in kochendes Wasser tauchen. Sobald sich die Ränder der Einschnitte etwas nach außen biegen, die Früchte wieder herausnehmen, unter kaltem Wasser abschrecken und die Haut mit einem scharfen Messer vorsichtig abziehen.

Einfacher geht's, indem man die Tomate mit eingeritzter Haut auf eine Gabel spießt und über die Herdplatte oder eine offene Flamme hält.
Auch in der Mikrowelle lassen sich die Tomaten entsprechend präparieren: Hierbei ebenfalls die Haut kreuzweise einritzen und 1 Minute lang in die Mikrowelle stellen.

Paprika und Peperoni

Gemüsepaprika ist ebenfalls ausgesprochen vielseitig und unkompliziert in der Verarbeitung. Er schmeckt frisch im Salat oder zum Vespern, aber genauso gut gedünstet, geschmort oder gegrillt. Die größeren Früchte eignen sich zum Füllen mit Hackfleisch oder Reis. Süßsauer oder eingelegt in Öl für Antipasti sind weitere Zubereitungsmöglichkeiten. Paprika eignet sich auch hervorragend zum Einfrieren, am besten platzsparend in Streifen oder Stücke geschnitten. Paprikapulver, das aus speziellen Sorten hergestellt wird, ist ein unentbehrliches Gewürz.
Die scharfen Peperoni geben – frisch oder getrocknet verwendet – Gemüse und Fleisch die Würze. Sie passen hervorragend zu asiatischen Reisgerichten. In der europäischen Küche wird Gewürzpaprika sehr sparsam – allenfalls zum Gulasch – eingesetzt. In Südostasien, in Afrika und Südamerika sind Chilis Grundbestandteil vieler Gerichte. Die berühmte Tabascosauce aus den USA wird aus einer Chili-Sorte hergestellt. Aus der indonesischen Küche kommt das höllisch scharfe Sambal Oelek.

Peperoni unterscheiden sich in der Form und Farbe, vor allem in der Schärfe. Paprikapulver kann sehr mild schmecken oder höllisch scharf auf der Zunge brennen.

Auberginen

Auberginen spielten in deutschen Küchen bisher eher eine Nebenrolle. In Italien, Griechenland und der Türkei und im arabischen Raum ist das anders. Die Eierfrüchte sollten nicht roh gegessen werden, weil sie im rohen Zustand Solanin enthalten und leicht bitter schmecken. Bei der üblichen Zubereitung werden sie in etwa 1 cm dicke Scheiben geschnitten, auf Teller gelegt, mit Salz bestreut und leicht beschwert. Das Gemüse zieht Wasser; dieses abgießen und die Auberginenscheiben trockentupfen. Anschließend in Olivenöl anbraten. So vorbereitet, kann man sie zu Aufläufen oder zum Einlegen für Vorspeisen weiterverarbeiten. Wer das viele Fett bei dieser Zubereitungform nicht möchte oder nicht verträgt, kann Auberginen fettarm in Mischgemüsen wie Ratatouille oder im Backofen gebacken zubereiten. Aufgeschnittene Auberginen müssen schnell verarbeitet werden, weil sie an den Schnittstellen leicht braun werden.

Andenbeeren und Tomatillos

Die Andenbeere fällt etwas aus dem Rahmen der hier beschriebenen Fruchtgemüse. Sie schmeckt süß und macht sich gut im Obstsalat und auf Desserttellern. Eine süße Leckerei entsteht, wenn man sie in Schokolade tunkt. Die süßlichen Beeren lassen sich auch hervorragend zu Marmelade und Fruchtsaucen verarbeiten. Die säuerlichen harten Tomatillos werden unreif geerntet und zu Chutneys, Salsas oder Eintöpfen verwertet. Reife Tomatillos schmecken auch in süßen Zubereitungen.

Die ganze Kraft des Sommers steckt in den getrockneten und sonstwie konservierten Tomaten, Paprika und Peperoni.

Konservierungstechniken

Trocknen

Beim Trocknen behandelt man Tomaten wie Obst. Die Früchte aufschneiden, den Saft und das weiche Innere entfernen und nur das härtere Äußere zum Trocknen verwenden. Bei uns ist das Trocknen an der Luft – wie es in südlichen Ländern praktiziert wird – nicht zu empfehlen; die wasserreichen Fruchtstücke trocknen besser in einem speziellen Dörrgerät oder bei sehr niedriger Temperatur im Backofen.
Gemüsepaprika kann man wie Tomaten in Stücke schneiden und im Dörrgerät trocknen. Aus speziellen Paprikasorten wird Paprikapulver in milden und scharfen Varianten hergestellt. Gewürzpaprika bzw. Chili trocknet sehr gut. In den Anbauländern werden die Früchte aufgefädelt und an der Luft getrocknet. Das Vitamin C baut sich jedoch beim Lagern ab. Auch die Carotinoide, die dem Paprika die Farbe geben, bauen sich beim Lagern ab. Licht, Luft und hohe Temperaturen sind schädlich. Paprikapulver sollte man unbedingt lichtgeschützt in geschlossenen Behältern aufbe-

wahren und innerhalb von längstens einem Jahr verbrauchen. Auberginen schneidet man zum Trocknen im Dörrgerät in dünne Scheiben. Sie trocknen rasch.

Einfrieren

Tomaten lassen sich als ganze Früchte oder gewürfelt bzw. püriert einfrieren. Man muss sie nicht blanchieren. Eine praktische Methode ist es, pürierte Tomaten in den Eiswürfelbehälter der Tiefkühltruhe oder in Eiskugelbeutel zu füllen und gefrieren zu lassen. Die gefrorenen Würfel kann man dann in Gefrierbeutel oder sonstige Behälter umfüllen und die einzelnen Würfel nach Bedarf für Suppen oder Gemüsegerichte herausholen.

Vom Umgang mit scharfen Peperoni

Peperoni sieht man die Schärfe nicht an, man muss sie bei jeder einzelnen Frucht testen. Der Scharfstoff Capsaicin sitzt hauptsächlich in den Samenkörnern und in den Scheidewänden im Inneren.

- Von scharfen Peperoni nur ganz wenig verwenden; bei besonders scharfen Exemplaren reicht 1/4 der Frucht zum Würzen eines Gemüsegerichtes.
- Nach dem Kleinschneiden die Hände gründlich waschen, nicht in die Augen fassen. Kontakt mit den Schleimhäuten vermeiden.
- Wenn's im Mund brennt, auf keinen Fall Wasser trinken, dann wird's nur noch schlimmer. Milch oder Jogurt binden durch ihren Fettgehalt die Schärfe. Zur Not tut's auch ein Stück Brot.

Sehr praktisch ist es, pürierte Tomaten in Eiswürfelbehältern einzufrieren.

Wieder aufgetaut, schmecken Tomaten nicht mehr ganz wie frisch. Das Fruchtfleisch verändert seine Konsistenz und wird lasch. Aufgetaute Tomaten eignen sich deshalb nur noch für warme Gemüsegerichte oder für Suppen. Praktisch ist es, wenn man Tomatengemüse fertig zubereitet und eingefriert.
Auch **Paprika** kann man problemlos roh einfrieren. Blanchieren ist nicht nötig. Am besten halbiert man die Früchte oder schneidet sie in Streifen. Das eingefrorene Gemüse hält seine Konsistenz und lässt sich noch roh essen oder zum Dekorieren verwenden.
Auberginen lassen sich durch Tiefgefrieren konservieren. Für diesen Zweck muss man sie allerdings in Stücke schneiden und im Wasserdampf 2–3 Minuten lang blanchieren. Auch gegrillte oder gebratene Auberginen kann man einfrieren. Das so konservierte Gemüse eignet sich für Suppen und Aufläufe.
Andenbeeren werden bevorzugt frisch verbraucht. Große Erntemengen kann man auch einfrieren.

Eindünsten

Ganze, geschälte und ungeschälte Tomatenfrüchte lassen sich sehr gut eindünsten. Als Behältnis kann man spezielle Eindünst- oder Schraubgläser verwenden. Ungeschälte Tomatenfrüchte muss man vorbereiten und rundum mit einem spitzen Gerät einstechen, damit sie beim Erhitzen nicht platzen. Die Tomatenfrüchte übergießt man mit kochendem Wasser, lässt sie 5 Minuten darin stehen. Dann

Von sehr scharf bis angenehm mild: Paprika und Peperoni eingelegt in Öl, eingedünstet und mariniert.

nimmt man sie wieder heraus und schichtet sie in die Eindünstbehälter. Die Früchte werden mit gesalzenem Wasser (1/2 TL Salz auf 1 l Wasser) übergossen und bei 80 °C 40 Minuten lang eingedünstet.
Die weichen Tomatenfrüchte kann man für Suppen, Saucen, Gemüsegerichte oder Aufläufe verwenden.

Einlegen in Öl oder Essig

Italienische Antipasti lassen sich mit Tomaten, Paprika und Auberginen leicht selbst herstellen. Zur Vorbereitung Tomaten und Paprika enthäuten, bei Tomaten die Flüssigkeit und die Kerne, bei Paprika die Samenkerne und die Scheidewände entfernen. Dann in Olivenöl anbraten und in Öl und etwas Essig marinieren. Peperoni braucht man nicht in Öl einlegen, um sie zu konservieren. Die Früchte dienen vielmehr zum Aromatisieren des Öls. In Südfrankreich und Spanien steht in den Restaurants höllisch scharfes Würzöl auf den Tischen.

Die Tomate und das Solanin
Unreife Tomaten enthalten das giftige Alkaloid Solanin. Die leichteren Folgen von Solaningenuss sind Kratzen und Brennen im Hals. Heftigere Reaktionen sind Durchfälle, Benommenheit, Schweißausbrüche und Krämpfe. In schweren Fällen führt die Solaninvergiftung zum Tod. Doch wer weiß, wie sich das Solanin in der Tomate verhält, braucht keine gesundheitlichen Schäden zu befürchten. In reifen Tomatenfrüchten ist das Solanin vollständig abgebaut. Sogar in gelbgrünen Früchte wurde kein Solanin mehr gemessen. Allerdings befindet sich Solanin in den grünen Teilen um den Stielansatz der Tomate. Den kann man sicherheitshalber wegschneiden. Der giftige, bittere Stoff ist in mehr oder weniger hoher Konzentration (1–30 mg pro 100 g Frucht) in grünen Tomaten vorhanden. Ab einer Konzentration von 25 mg pro 100 g Frischsubstanz muss man mit einer Giftwirkung rechnen. Zum Vergleich: Eine Portion Marmelade aus grünen Tomaten enthält etwa 6 mg Solanin. Dies gilt als ungefährlich. Übrigens wird das Solanin durch Kochen nicht abgebaut, auch nicht durch Tiefgefrieren.

Rezepte

Konserviertes

Gelbe Tomaten-Marmelade

Für 3 Gläser à 500 ml:
1 kg gelbe, weichhäutige Tomaten wie 'Grünes Zebra' oder 'Orange Bourgoin'
1/2 kg Gelierzucker 2:1

Die Tomaten grob zerkleinern, grünen Stielansatz herausschneiden. Es ist nicht unbedingt nötig, die Tomaten zu enthäuten, da die Haut der erwähnten Sorten weich ist und in der Marmelade nicht stört. In einem Topf zusammen mit dem Gelierzucker langsam erhitzen. Immer wieder umrühren, sodass nichts anbrennt. Etwa 10 Minuten lang vor sich hinköcheln lassen. Heiß in Schraubgläser füllen. Schmeckt ähnlich wie Pflaumenmarmelade.

Süßsaure grüne Tomaten

Für ca. 5 Gläser:
1 kg kleine grüne Tomaten
2 l Wasser
2 EL Salz
400 ml Weinessig
400 g Zucker
1 EL weiße Pfefferkörner
2 Stangen Zimt
1 TL Gewürznelken
1 frischer Ingwer, ca. 50 g

Die Haut der Tomaten mehrmals mit einer Nadel einstechen. Wasser zusammen mit Salz aufkochen, Tomaten hineingeben, kurz aufkochen lassen und noch 2 Minuten ziehen lassen. Die Tomaten herausnehmen, abtropfen lassen und in saubere Gläser schichten. Essig und Zucker erhitzen. Pfefferkörner, zerbrochene Zimtstangen, Gewürznelken und den in kleine Stücke geschnittenen Ingwer in den Sud geben, aufkochen lassen und mit den Gewürzen über die Tomaten gießen, sodass diese ganz bedeckt sind. Die Gläser sofort verschließen und kühl stellen. Passt zu Gegrilltem.

Auberginenpaste

1 Aubergine
1 mittelgroße Zwiebel
4 EL Olivenöl
Salz und weißer Pfeffer
Mischung frischer Kräuter wie Majoran oder Thymian

Das Fruchtfleisch in kleine Stücke schneiden (dabei die Haut dranlassen). Die Zwiebel fein hacken. Das Gemüse im Olivenöl anbraten. Die Masse erkalten lassen und evtl. noch mit dem Zauberstab pürieren. Die Gewürze und die fein gewiegten Kräuter hinzufügen. Passt kalt als Brotbelag.

Süße Marmelade aus gelben und orangefarbenen Tomaten entpuppt sich als Hochgenuss.

Salate und Vorspeisen

Marinierte Paprika

Je 2 grüne, gelbe oder orangefarbene und rote Paprikaschoten
kalt gepresstes Olivenöl nach Bedarf
etwas Weißweinessig nach Bedarf
1 kleine Peperoni (oder ein Stück davon)
Basilikum
Salz und frisch gemahlener Pfeffer

Die Farbenvielfalt auf dem Salatteller begeistert jeden Tomatenfan.

Die ganzen Paprikaschoten im vorgeheizten Backofen bei ca. 200 °C unter häufigem Wenden backen, bis sich die Haut bräunt und schwarz wird. Herausnehmen, etwas abkühlen lassen, die Haut abziehen. Paprikaschoten halbieren oder vierteln und Kerne und Scheidewände herausnehmen. In ein flaches Gefäß schichten, gehackten Knoblauch, Basilikum, Salz und Pfeffer hinzufügen und mit Olivenöl und etwas Weißweinessig übergießen. Das Gemüse festdrücken, sodass alles mit Flüssigkeit bedeckt ist. Das Gemüse muss mindestens 8 Stunden lang an einem kühlen Platz durchziehen. Evtl. mit Zitronenscheiben servieren. Zusammen mit Oliven, eingelegten Peperoni und Weißbrot eine sättigende Vorspeise oder ein leichtes sommerliches Mittagessen.

Tomatensalat

Für 4 Portionen:
ca. 1,5 kg Tomaten, gemischt verschiedene Sorten
1 mittelgroße Zwiebel
2 Knoblauchzehen
1 TL Salz, frisch gemahlener Pfeffer
einige Spritzer Zitronensaft
1 EL Aceto balsamico
1 EL Weißweinessig
4 EL kalt gepresstes Olivenöl
1 Büschel Basilikum oder Petersilie
evtl. 50 g schwarze Oliven
50 g Schafkäse, gewürfelt

Die Tomaten mit einem scharfen Messer achteln (Fleischtomaten stärker stückeln), dabei den grünen Stielansatz entfernen, und in eine flache Schüssel geben. Die Zwiebel und Knoblauchzehen fein hacken und zu den Tomaten geben. Die Gewürze, Essig und Olivenöl untermischen. Die fein gehackte Petersilie unterziehen. Zum Schluss Basilikumblättchen darüber streuen.
Mit weiteren Zutaten wie schwarzen Oliven und Schafkäse ergibt der Tomatensalat ein leichtes sommerliches Mittagessen.
Variante: Zusammen mit Mozzarella wird der Tomatensalat zu der beliebten italienischen Vorspeise »Caprese«.

Warme Gerichte und Aufläufe

Tomaten-Schafkäse-Auflauf

Als Beilage oder Vorspeise.
Für eine große Auflaufform:
6–8 Fleischtomaten
200 g Schafkäse (1 Packung)
50 g schwarze, entsteinte Oliven
2 TL getrockneten Oregano oder Kräuter der Provence
etwas Salz
frisch gemahlener schwarzer Pfeffer
Olivenöl

Eine leichte sommerliche Mittagsmahlzeit: Tomaten-Schafkäse-Auflauf. Tomaten gehen mit dem Schafkäse eine ideale Verbindung ein.

Ratatouille kann in vielen Varianten zubereitet werden: Tomaten, Paprika, Auberginen und Zucchini sollten dabei sein.

Auflaufform einfetten. Tomaten in ca. 1 cm dicke Scheiben schneiden. Schafkäse in dünne Scheiben schneiden, möglichst so, dass sie nicht zerbrechen. Abwechselnd je eine Reihe Tomaten und Schafkäse in der Auflaufform auslegen, sodass sie sich überlappen. Mit wenig Salz und frisch gemahlenem Pfeffer sowie dem Oregano würzen. Zum Schluss mit Olivenöl überträufeln. In den kalten Backofen schieben und bei ca. 220 °C etwa 20 Minuten backen. Kurz vor dem Ende der Backzeit die grob zerkleinerten Oliven über dem Belag verteilen und noch ein paar Minuten mitbacken. Vor dem Servieren mit Basilikum überstreuen. Zusammen mit Weißbrot ein leckeres, leichtes Abendessen.
Als Variante kann man den Auflauf auch mit gebratenen Auberginenscheiben zubereiten.

Ratatouille

Für 4 Personen:
3 große Fleischtomaten
2 Auberginen
2 rote Paprikaschoten
3 kleine Zucchini
2 Zwiebeln
2 Knoblauchzehen
4 EL Olivenöl
ca. 50 ml Weißwein
Salz, Pfeffer
1 frischer Zweig Thymian

Ratatouille ist eine Spezialität der provenzalischen Küche. Im Prinzip können dafür alle Gemüse, die gerade griffbereit sind, verwendet werden.
Gemüse in nicht zu kleine Streifen oder Würfel schneiden. Klein geschnittene Zwiebeln oder Knoblauch in dem Olivenöl anbraten. Alle Gemüse bis auf die Tomaten mit anschwitzen lassen. Mit Weißwein ablöschen. Zum Schluss die grob zerkleinerten Tomaten und den Thymianzweig zugeben, den Topf zudecken und das Gemüse 5–10 Minuten dünsten. Mit Salz und Pfeffer abschmecken. Dieses leichte Sommergericht mit Weißbrot servieren.

auf einen blick

- Tomaten nicht im Kühlschrank aufbewahren.
- Die Fruchtgemüse möglichst nicht schälen, da wertvolle Inhaltsstoffe direkt unter der Schale sitzen.
- Die Fruchtgemüse nicht zusammen mit anderem Gemüse und Obst aufbewahren, da dieses sonst eher verdirbt.
- Auberginen nicht roh essen, da sie viel Solanin enthalten.
- Unreife grüne Tomaten nur in kleinen Mengen zu sich nehmen.

Bezugsquellen und Adressen

Bezugsquellen für Saatgut

Monika Gehlsen
Zier- und Nutzpflanzenspezialitäten
Willi-Dolgner-Str. 17
06118 Halle (Saale)
Tel.: 03 45 / 5 22 64 23
(bei Kataloganfragen bitte 3 € Rückporto beilegen)

Carl Sperling & Co.
21316 Lüneburg
Fax: 0 41 31 / 30 17 45
www.sperli.de
(Vertrieb nur über den Fachhandel)

Rühlemann's Kräuter & Duftpflanzen
Auf dem Berg 2
27367 Horstedt
Tel.: 0 42 88 / 92 85 58
www.ruehlemanns.de
(auch Gewürzpaprika und Chilis)

Dreschflegel
Postfach 1213
37202 Witzenhausen
Tel.: 0 55 42 / 50 27 44
www.dreschflegel-saatgut.de
(Sortenliste mit biologischem Saatgut)

Gärtner Pötschke
41561 Kaarst
Tel.: 0 18 05 / 86 11 00
www.gaertner-poetschke.de
(großes Angebot, u. a. ca. 30 Tomatensorten)

Manufactum
Hiberniastr. 5
45731 Waltrop
Tel.: 0 23 09/ 93 90 50
www.manufactum.de
(kleines Sortiment alter Tomaten- und Peperoni-Sorten)

Jansen Samen
Postfach 300115
46399 Bocholt
Tel.: 00 31/ 3 15 65 12 35
www.kuerbis.net
(Kürbisse, Tomaten und andere interessante Gemüsesämereien)

Bruno Nebelung GmbH & Co.
(Kiepenkerl-Saatgut)
48348 Everswinkel
Fax: 02582/670270
www.kiepenkerl.de
(Vertrieb nur über den Fachhandel, Bezugsquellennachweis per Fax anfordern)

Bio-Saatgut
Ulla Grall
Eulengasse 3
55288 Armsheim
Tel.: 0 67 34 / 96 03 79
www.bio-saatgut.de
(u.a. Saatgut der Ferme de Sainte Marthe)

Bingenheimer Saatgut AG
Kronstr. 24
61209 Echzell
Tel.: 0 60 35 / 18 99-0
www.oekoseeds.de
(ökologisches Saatgut)

Hild Samen GmbH
Kirchenweinbergstr. 115
71672 Marbach am Neckar
Tel.: 0 71 44 / 84 73 11
www.hildsamen.de
(eigene Tomatenzüchtungen, Hybridsorten für Erwerbsanbauer)

Privates Samen-Archiv Gerhard Bohl
Oberfichtenmühle 2
91126 Rednitzhembach
(ausführliches Sortenbuch mit 1400 Tomatensorten und Hunderten alter Gemüsesorten und Blumen für 5 € erhältlich)

Raritätengärtnerei Fam. Treml
Eckerstr. 32
93471 Arnbruck
Tel.: 0 99 45/ 90 51 00
www.pflanzen-treml.de
(sehr großes Tomaten-, Paprika- und Chilisortiment)

Manfred Hahm-Hartmann
Wilhelm-Löhe-Str. 5
95176 Konradsreuth
Tel. 0 92 92/ 65 58
(Saatgutarchiv für Tomaten)

Gärtnerei Haas
Obere Leberklinge 60
97877 Wertheim
Tel.: 0 93 42 / 85 65 80
(Paprika- und Peperoni-Sortiment)

Saatgut-Initiativen

VEN
Verein zur Erhaltung der Nutzpflanzenvielfalt e.V.
Ursula Reinhard
Sandbachstr. 5
38152 Schandelah
www.nutzpflanzenvielfalt.de

VERN
Verein zur Erhaltung und Rekultivierung von Nutzpflanzen in Brandenburg e.V.
Burgstr. 20
16278 Greiffenberg
Tel.: 03 33 34/ 7 02 32
www.vern.de

Österreich
Arche Noah
Gesellschaft zur Erhaltung und Verbreitung der Kulturpflanzenvielfalt
Obere Str. 40
A-3553 Schiltern
www.arche-noah.at

Schweiz
Pro Specie Rara
Schneebergstr. 17
CH-9000 St. Gallen
www.psrara.org

Literatur

Suzanne Ashworth: Saatgutgewinnung im Hausgarten. Eigenverlag Arche Noah (s.o.), Krems 1993

Gerhard Bedlan: Gemüsekrankheiten. Österreichischer Agrarverlag, Klosterneuburg, 3., überarbeitete Auflage 1999

Brunhilde Bross-Burkhardt: Tomate. Kultur. Mythos. Gesundheit. Rezepte. Umschau/ Braus-Verlag, Frankfurt/Main 2000

Günther Franz: Deutsche Agrargeschichte, Band VI, Geschichte des deutschen Gartenbaues. Verlag Eugen Ulmer, Stuttgart 1984

Gemüse. Das Magazin für den professionellen Gemüsebau. Fortlaufende Monatsausgaben. Gemeinsam herausgegeben vom Deutschen Landwirtschaftsverlag GmbH, München, und vom Verlag Eugen Ulmer, Stuttgart

Eckhard George, Reyhaneh Eghbal (Hg.): Ökologischer Gemüsebau. Handbuch für Beratung und Praxis, Bioland Verlags GmbH, Mainz 2003

Hermine Hofbauer: Die Verwertung von Obst und Gemüse aus dem Garten. Obst- und Gartenbauverlag, München 2000

Wolfgang Kawollek: Das Ulmer Gartenbuch. Verlag Eugen Ulmer, Stuttgart 2001

Helmut Krug: Gemüseproduktion. Ein Lehr- und Nachschlagewerk für Studium und Praxis. Verlag Paul Parey, Berlin und Hamburg 1986

Lindsay und Patrick Mikanowski: Tomate. Augustus Verlag, München 2000

Wo der Pfeffer wächst. Ein Festival der Kräuter und Gewürze. Sonderheft 32, Palmengarten der Stadt Frankfurt am Main 2000

Stichwortverzeichnis

Seitenzahlen mit * verweisen auf Abbildungen

Bildnachweis:

AKG: 7
Beier: 38o, 62o
Borstell: 2/3, 4u, 16, 28, 35u, 44, 49o, 55
Bross-Burkhardt: 4o, 11l, 11r, 14, 17, 18o, 18u, 19u, 24o, 24u, 25o, 26u, 27, 29o, 29u, 32l, 32r, 33, 34u, 37, 38u, 47o, 49u, 55o, 59, 61, 63u, 64o, 65, 66u, 68, 70, 72, 73, 75, 77, 79l, 79r, 80, 84, 87, 89, 90, 91l
Burkhardt E.: 9, 10, 12
Juliwa: 78
Kraft: 22o, 30, 34o, 39, 50o, 57l, 64u, 67
Redeleit: 1, 60l, 62u
Reinhard: 6, 8, 13, 15, 45, 46, 51, 53, 56, 57r, 63o, 69l, 71, 76, 82, 83, 85, 86, 88, 91r
Schurz: 41u
Stein: 5, 19o, 20, 22u, 23, 25u, 26o, 31, 35o, 36, 40o, 40u, 41o, 47u, 48o, 48u, 50u, 54, 58, 60r, 66o, 69r

Bibliographische Information der Deutschen Bibliothek

Die Deutsche Bibliothek verzeichnet diese Publikation in der Deutschen Nationalbibliographie; detaillierte bibliographische Daten sind im Internet über http://dnb.ddb.de abrufbar.

BLV Buchverlag GmbH & Co. KG
80797 München

Umschlaggestaltung:
fuchs_design, Ottobrunn

Umschlagfotos:
Vorderseite: Borstell
Rückseite: Borstell (links), Reinhard (rechts)

Lektorat: Dr. Thomas Hagen,
Dr. Eva Dempewolf
Herstellung: Hermann Maxant

Layoutkonzept Innenteil:
Studio Schübel, München

Layout: Anton Walter, Gundelfingen
DTP: agentur walter, Gundelfingen

Gedruckt auf chlorfrei gebleichtem Papier

Printed in Germany
ISBN 10: 3-8354-0041-X
ISBN 13: 978-3-8354-0041-2

Frische Ernte aus dem eigenen Garten

Marie-Luise Kreuter
Kräuter · Kräuter · Kräuter
Das pfiffige Praxisbuch für den Kräuteranbau im Garten, auf Balkon, Terrasse und Fensterbank – mit Pflanzplänen; Pflanzen, Ernten, Anwenden, Genießen; Rezepte für Küche, Bad und Hausapotheke.
ISBN 3-405-16604-7

Martin Stangl
Obst aus dem eigenen Garten
Basiswissen für Hobbygärtner zum Obstanbau im eigenen Garten und zu allen wichtigen Obstarten von Baum- über Strauch- bis hin zu Beerenobst – von Sortenauswahl, Anzucht, Pflanzung, Vermehrung und Düngung bis zu Pflanzenschutz, Schnitt, Veredelung, Ernte, Lagerung und allen Arbeiten im Jahreslauf.
ISBN 3-405-15046-9

blv garten plus
Siegfried Stein
Gemüse
Gemüseanbau und Mischkultur, Anbauformen vom Hochbeet bis zum Square-foot-gardening; alle wichtigen Gemüsearten – bewährte und neue: Standort, Kultur, empfehlenswerte Sorten, Ernte, Verwendung.
ISBN 3-405-16002-2

Marie-Luise Kreuter
Der Biogarten
Das Original – jetzt als Neuausgabe: das unentbehrliche Standardwerk, verfasst von Deutschlands bekanntester Biogärtnerin; mit Beilage »Pflanzenschutz-Kompass« zum schnellen Bestimmen und Abwehren von Schädlingen und Krankheiten.
ISBN 3-405-16674-8

Marie-Luise Kreuter
Kräuter-Spezialitäten – Duft und Würze aus aller Welt
Von Thai-Basilikum über Pfirsichsalbei bis Schokominze: würzige Schätze aus fernen Ländern mit Porträts der besten Sorten, Anbau- und Verwendungstipps und vielen Rezepten.
ISBN 3-8354-0028-2

blv garten plus
Werner Fader
Wein im Garten
Wein im eigenen Garten kultivieren – als attraktive Kletterpflanze, aber auch zur Trauben-, Saft- und Weingewinnung: Standortwahl, Porträts der für den Hausgarten geeigneten Rebsorten, Pflege, Schnitt und Erziehungsformen, Pflanzenschutz.
ISBN 3-405-16886-4

Im BLV Buchverlag finden Sie Bücher zu den Themen: Garten und Zimmerpflanzen • Natur • Heimtiere • Jagd und Angeln • Pferde und Reiten • Sport und Fitness • Wandern und Alpinismus • Essen und Trinken

Ausführliche Informationen erhalten Sie bei:
BLV Buchverlag GmbH & Co. KG
Postfach 40 02 20 • 80702 München
Telefon 089/12705-0 • Fax -543 • www.blv.de